W0269239

PROTOPLASMATOLOGIA
HANDBUCH DER PROTOPLASMAFORSCHUNG

BEGRÜNDET VON

L. V. HEILBRUNN · F. WEBER
PHILADELPHIA   GRAZ

HERAUSGEGEBEN VON

M. ALFERT · H. BAUER · C. V. HARDING · F. WEBER
BERKELEY   WILHELMSHAVEN   NEW YORK   GRAZ

MITHERAUSGEBER

W. H. ARISZ-GRONINGEN · J. BRACHET-BRUXELLES · H. G. CALLAN-ST. ANDREWS
R. COLLANDER-HELSINKI · K. DAN-TOKYO · E. FAURÉ-FREMIET-PARIS
A. FREY-WYSSLING-ZÜRICH · L. GEITLER-WIEN · K. HÖFLER-WIEN
M. H. JACOBS-PHILADELPHIA · N. KAMIYA-OSAKA · D. MAZIA-BERKELEY
W. MENKE-KÖLN · A. MONROY-PALERMO · A. PISCHINGER-WIEN
J. RUNNSTRÖM-STOCKHOLM · W. J. SCHMIDT-GIESSEN · S. STRUGGER-MÜNSTER

BAND II

CYTOPLASMA

C

PHYSIK, PHYSIKALISCHE CHEMIE, KOLLOIDCHEMIE

8 d

PERMEABILITÄTSTHEORIEN

WIEN

SPRINGER-VERLAG

1960

PERMEABILITÄTSTHEORIEN

VON

VEIJO WARTIOVAARA UND RUNAR COLLANDER

HELSINKI

MIT 14 TEXTABBILDUNGEN

WIEN

SPRINGER-VERLAG

1960

ISBN-13: 978-3-211-80554-1   e-ISBN-13: 978-3-7091-5541-7
DOI: 10.1007/978-3-7091-5541-7

Permeabilitätstheorien

Von

VEIJO WARTIOVAARA und RUNAR COLLANDER

Botanisches Institut der Universität Helsinki/Helsingfors

Mit 14 Textabbildungen

Inhaltsübersicht

Vorwort

Dem allgemeinen Plan des Protoplasmatologia-Handbuches entsprechend sollte die nachfolgende Übersicht der Theorien der Protoplasmapermeabilität tierische und pflanzliche Zellen in gleichem Maße berücksichtigen. Der Umstand, daß die Verfasser keine eigenen Erfahrungen über die Durchlässigkeit tierischer Objekte besitzen, hat jedoch bewirkt, daß die pflanzlichen Protoplasten in unserer Darstellung im Vordergrund stehen. Teilweise beruht dies allerdings auch darauf, daß die Durchlässigkeitseigenschaften tierischer Zellen im allgemeinen schwerer erforschbar und daher einstweilen weniger genau bekannt sind als diejenigen der Pflanzenzellen.

Herr Professor Dr. Eero Tommila hatte die große Freundlichkeit, die physikochemischen Grundlagen der in den Abschnitten XII und XVII dargestellten Probleme mit uns zu diskutieren. Ebenso hat uns Herr Doz. Dr. J. Johan Lindberg in Fragen hinsichtlich der Theorie der Verteilung (Anhang) beigestanden. Beiden Herren sind wir für die uns geleistete Hilfe zu großem Dank verpflichtet.

Helsinki/Helsingfors, im November 1959.

Die Verfasser.

I. Einleitung

Der Stoffaustausch zwischen lebenden Protoplasten und ihrer Umgebung umfaßt Prozesse wenigstens zweier prinzipiell verschiedener Art. Einmal handelt es sich dabei um freiwillig verlaufende Diffusionsvorgänge [1], die — wie Diffusionsvorgänge überhaupt — auf den Ausgleich bestehender Konzentrations- oder richtiger Aktivitätspotentiale hinzielen, wobei der Protoplast nur die Rolle eines mehr oder weniger selektiv durchlässigen, passiven Widerstandes spielt. Andererseits wiederum kennt man Stoffbewegungen, bei denen die Protoplasten eine wesentlich andersartige Betätigung entfalten, in dem sie nämlich gelöste Stoffe aktiv, d. h. unter Benutzung beim Stoffwechsel freigesetzter Energie in eine bestimmte Richtung transportieren, und zwar sehr häufig dem Potentialgefälle entgegen.

Nur Prozesse der erstgenannten Art, also reine Diffusionsvorgänge, sollen im folgenden als Permeationsprozesse bezeichnet und näher behandelt werden, während der aktive Stofftransport im Band VIII/7 dieses Handbuches behandelt wird.

Wir sprechen somit hier von der Durchlässigkeit oder Undurchlässigkeit der Protoplasten bzw. ihrer Grenzschichten in ganz demselben Sinne, wie in der Technik etwa von der Durchlässigkeit oder Undurchlässigkeit irgend welcher Verpackungsfolien gesprochen wird. Je geringer die Durchlässigkeit der letztgenannten ist, um so besser erfüllen sie im allgemeinen ihren Zweck. Ähnliches gilt im großen und ganzen auch hinsichtlich der Plasma-

---

[1] Bezüglich der Frage, ob auch Filtrationsvorgänge bei der Permeation mitwirken, vgl. Abschnitt XIV der vorliegenden Schrift.

häute. Worauf es bei ihnen in erster Linie ankommt, ist nämlich ihr Vermögen, das Protoplasma einerseits von dem Zellsaft und andererseits von dem umgebenden Medium weitgehend zu isolieren. Dies ist erforderlich, nicht nur um verhängnisvollen Verlusten an gespeicherten, für die Zelle wertvollen Inhaltsstoffen vorzubeugen, sondern auch um den ungestörten, geordneten Ablauf der Lebensprozesse im Protoplasma sicherzustellen.

Selbstverständlich ist trotz der weitgehenden stofflichen Emanzipation der Protoplasten von ihrer Umgebung doch auch eine Aufnahme von Nahrungsstoffen und eine Abgabe von unbrauchbaren Stoffwechselprodukten vielfach nötig. Diese Aufnahme und Abgabe bleibt aber großenteils der aktiven Stoffbeförderung vorbehalten, indem nur eine verhältnismäßig geringe Anzahl von Nahrungs- und Abfallstoffen (z. B. O_2, CO_2, H_2O, NH_3) jederzeit zu einer schnellen Permeation befähigt ist. Es ist daher beinahe bedauerlich, daß eben von der Permeabilität des Protoplasmas so viel geschrieben und gesprochen worden ist, während doch seine Befähigung zur aktiven Stoffbeförderung eine sowohl biologisch wichtigere wie auch theoretisch interessantere Eigenschaft darstellt.

Auch von einem anderen Standpunkt aus erscheint es etwas bedenklich, daß man sich so einseitig gerade mit der Permeabilität beschäftigt hat. Tatsache ist nämlich, daß die Permeation ein freiwillig verlaufender Diffusionsprozeß ist, der eigentlich keiner besonderen Erklärung bedarf, wogegen die weitgehende Impermeabilität der Protoplasten zahlreichen sowohl nieder- wie auch höhermolekularen Stoffen gegenüber weit mehr überraschend und daher mehr erklärungsbedürftig ist. Daß man trotzdem viel häufiger von der Permeabilität als von dem Diffusionswiderstand der Protoplasten spricht, ist wohl nur vom psychologisch-sprachlichen Standpunkt aus erklärlich. Negative Eigenschaften, wie etwa die Undurchlässigkeit, können nämlich grundsätzlich nicht direkt gemessen werden. Denn wo nichts geschieht oder früheres Geschehen nicht postuliert werden kann, wie etwa in der Geologie, da bleibt für die Wissenschaft nicht viel zu tun übrig. So wird ja z. B. die Größe eines elektrischen Widerstandes immer auf Grund von Leitfähigkeitsbestimmungen berechnet: wenn die angelegte elektrische Spannung keinen wahrnehmbaren Strom in dem Meßgerät hervorruft, kann der Widerstand nicht quantitativ angegeben werden. Analog hiermit wird auch der Diffusionswiderstand des Protoplasmas nur im Falle einer wenn auch noch so geringen Durchlässigkeit zahlenmäßig greifbar. Während aber die Reziprozität von elektrischer Leitfähigkeit und elektrischem Widerstand jedem Physiker selbstverständlich ist, scheint es, als ob das Wort Permeabilität im Bewußtsein mancher Physiologen eine so dominierende Stellung erlangt hätte, daß dadurch der weitgehende Abschluß der Protoplasten diffundierenden Stoffen gegenüber allzu weit in den Hintergrund verdrängt worden wäre. Dazu hat sicher beigetragen, daß die „spezifische Oberfläche", d. h. das Verhältnis Oberfläche/Volumen, der mikroskopisch kleinen Zellen sehr groß ist, so daß auch im Falle einer an sich großen Durchtrittshemmung eine scheinbar recht schnelle Permeation stattfinden kann.

Auch wir werden im folgenden aus sprachlichen Bequemlichkeitsgründen häufig von der Permeabilität oder von der Permeation reden, wo es sachlich vielleicht angemessener wäre, etwa von dem „nur mäßigen Diffusionswiderstand" bzw. von der „Überwindung des Diffusionswiderstandes" zu sprechen. Unter allen Umständen wollen wir aber daran festhalten, daß das sogenannte Permeabilitätsproblem, das den Gegenstand der vorliegenden Schrift darstellt, mehr sachgemäß etwa als das Problem definiert werden kann, w i e s o e s k o m m t, d a ß d i e l e b e n d e n P r o t o p l a s t e n d e m H i n d u r c h d i f f u n d i e r e n v i e l e r S t o f f e e i n e n s o g r o ß e n u n d z u d e m e i n e n v o n S t o f f z u S t o f f s o s t a r k w e c h s e l n d e n W i d e r s t a n d e n t g e g e n s e t z t e n.

Nicht selten werden die Protoplasten als halbdurchlässig oder s e m i p e r m e a b e l bezeichnet. Danach müßten sie eigentlich, obwohl für Wasser leicht durchlässig, beliebige gelöste Stoffe quantitativ zurückhalten. Davon kann jedoch keine Rede sein. Nur wenn allein der Wasserhaushalt der Zellen im Blickpunkt steht, können die Protoplasten der Einfachheit halber als semipermeabel behandelt werden. Bedeutend mehr sachgemäß ist es, sie als s e l e k t i v oder b e g r e n z t d u r c h l ä s s i g zu bezeichnen.

II. Diffusions- und Permeationsvorgänge in leblosen Systemen

Es leuchtet ein, daß sich die biologische Permeabilitätsforschung weitgehend auf Ergebnisse stützen muß, die von der rein physikalischen Diffusionsforschung erreicht worden sind. Besonders das Studium des Diffusionswiderstandes lebloser, artifizieller Membranen von bekannter chemischer Zusammensetzung und bekannter oder doch verhältnismäßig einfacher physikalischer Struktur scheint geeignet, als Grundlage zu dienen, wenn es gilt, den Diffusionswiderstand der noch so unvollständig erforschten Protoplasten zu erklären. Dieser Umstand dürfte die nachfolgende Übersicht der Durchlässigkeitseigenschaften künstlicher Membranen rechtfertigen. Zu allererst sollen jedoch einige ganz allgemeine Gesichtspunkte hinsichtlich der Diffusion kurz gestreift werden.

1. Diffusion in homogenen Systemen

Die Diffusion ist bekanntlich eine Folge der in allen Richtungen des Raumes vor sich gehenden Wärmebewegungen der Moleküle und Ionen. Die jedem Mikroskopiker bekannte B r o w n sche Bewegung kleiner, in einer Flüssigkeit aufgeschlämmter Partikel bietet ein sinnfälliges Beispiel dieses Vorganges, allerdings in vergröbertem Maßstabe. Ebenso wenig wie ein in B r o w n scher Bewegung befindliches Körperchen irgendeine Neigung hat, sich dauernd in eine bestimmte Richtung fortzubewegen, ist dies bei den diffundierenden Molekülen oder Ionen der Fall. Es hängt aber eben mit der zufallsbedingten Natur dieser Bewegungen zusammen, daß, wenn etwa die Dichte der sich bewegenden Partikelchen unterhalb einer gedachten Grenzfläche größer ist als oberhalb derselben, eine größere Zahl derselben die betreffende Fläche von unten nach oben als in umgekehrter Richtung durchqueren wird. Es ist daher statistisch wahrscheinlicher, daß ein innerhalb einer gegebenen Phase bestehender Konzentrationsunterschied mit der Zeit ausgeglichen wird, als daß er zunimmt. Praktisch führt denn auch die Diffusion immer, nach hinreichend langer Zeit, zu einer „idealen Unordnung" der beteiligten Moleküle, d. h. zu einem solchen Zustand, daß in jeder nicht zu kleinen Volumeneinheit der betreffenden Phase gleich viele Moleküle der diffundierenden Substanz vorhanden sind.

Wenn von der Diffusion die Rede ist, taucht wohl manchem ein Bild der unaufhörlich herumwirbelnden Gasmoleküle im Bewußtsein auf. Was dabei aber häufig übersehen wird, ist, daß sich die Diffusion in flüssigen und festen Systemen nach neueren Anschauungen der Physiker recht stark von der in einer Gasphase unterscheidet. Während nämlich sämtliche Moleküle in einem Gas im wesentlichen frei sind und sich daher dauernd fortbewegen können, sind die Moleküle in einer Flüssigkeit durch intermolekulare Kräfte mehr oder weniger fest aneinander gekettet. So kommt es, daß die Flüssigkeitsmoleküle meistens nur zu relativ geringfügigen Vibrationen ohne eigentlichen Platzwechsel befähigt sind. Nur wenn ein Molekül zufälligerweise einen gewissen Überschuß an kinetischer Energie bekommt, kann es sich, besonders wenn in der Nähe gleichzeitig ein leerer Raum, ein „Loch", vorhanden ist, von seinen Nachbarmolekülen losreißen und in eine neue Gleichgewichtslage hinüberspringen. Ein solches, infolge seines großen Energiegehaltes „sprungbereites" Molekül wird als a k t i v i e r t bezeichnet. Jede Diffusion, die von der Gegenwart aktivierter Moleküle abhängig ist, heißt eine a k t i v i e r t e D i f f u s i o n. Je größer das diffundierende Molekül und je beträchtlicher die Viskosität des Diffusionsmediums ist, um so größer ist, wie leicht einzusehen, die zur Diffusion nötige Aktivierungsenergie.

Bei der Diffusion einer Substanz mit einer vielgliedrigen Kohlenstoffkette und mehreren hydrophilen Gruppen im Molekül, ist es nicht unbedingt nötig, daß das Molekül als ein geschlossenes Ganzes Sprünge machen muß. Vielmehr dürfte sich z. B. ein Mannitmolekül zum großen Teil sozusagen Glied für Glied bewegen, wobei übrigens die Bewegungen der umgebenden Wassermoleküle dazu beitragen dürften, daß das Mannitmolekül im Verhältnis zum umgebenden Wasser verschoben wird. Hierdurch wird die Aktivierungsenergie des Vorganges kleiner, als wenn sich das ganze Mannitmolekül auf einmal bewegen würde.

In einem angesehenen Lehrbuch der Botanik findet sich die Angabe, daß aus einer 1%igen Lösung des Farbstoffes Fluoreszein bei 20⁰ „das erste Fluoreszeinmolekül" in 30 Tagen erst eine Strecke von 14 cm durchläuft. Tatsache ist jedoch, daß sich die Bahn oder die Geschwindigkeit eines einzelnen Moleküls — sei es des ersten, zweiten oder des n-ten — gar nicht voraussagen läßt. Es können nämlich Geschwindigkeiten von der Größenordnung einer geschossenen Kugel erreicht werden, aber sowohl die Richtung wie die Geschwindigkeit der Bewegung des Einzelmoleküls wechselt vielmals in der Sekunde.

Diese Unbestimmtheit in bezug auf die Bewegung des Einzelmoleküls schließt jedoch nicht aus, daß sich das d u r c h s c h n i t t l i c h e Verhalten einer genügend großen Vielheit von diffundierenden Molekülen mit großer Sicherheit und Exaktheit voraussagen läßt. Das grundlegende Gesetz der

Diffusion als Makroerscheinung ist die bereits im Jahre 1855 aufgestellte Gleichung von Fick:

$$dS = -DA \frac{dc}{dx} dt$$

worin dS die Stoffmenge bedeutet, die in der Zeiteinheit dt durch die Fläche A diffundiert, an der der Konzentrationsgradient dc/dx besteht. D ist ein Proportionalitätsfaktor, der als D i f f u s i o n s k o e f f i z i e n t bezeichnet wird und ein Maß für das Diffusionsvermögen der betreffenden Substanz unter den obwaltenden Umständen darstellt. In idealen Fällen ist die Größe D von der Konzentration der diffundierenden Substanz unabhängig, meistens schwankt sie jedoch ein wenig mit der Konzentration der Lösung. Die Dimensionen des Diffusionskoeffizienten sind $L^2 T^{-1}$. Am zweckmäßigsten drückt man ihn in cm²/sec aus.

Auf Grund der Fickschen Gleichung und gewisser empirischer Daten ist es ein Leichtes, etwa die Frage zu beantworten, wie viele Prozente einer großen Anzahl diffundierender Moleküle bestimmte Wegstrecken in einer gegebenen Zeit durchwandert haben. Ein Beispiel! Einer Zusammenstellung von Jacobs (1935) gemäß befinden sich in wäßriger Lösung diffundierende Zuckermoleküle nach einer Stunde in folgenden Entfernungen von der ursprünglichen Startfläche:

Entfernung (mm)	0—1	1—2	2—3	3—4	4—5	> 5
Prozentsatz	45,7	31,9	15,6	5,3	1,3	0,2

Im Durchschnitt haben sich die Zuckermoleküle in einer Stunde um nur etwa 1,3 mm in der Richtung des Konzentrationsgefälles verschoben. Die zur Diffusion nötige Zeit ist aber nicht der Diffusionsstrecke selbst, sondern dem Quadrat der Diffusionsstrecke proportional. Um eine Strecke von z. B. 1,3 μ zu diffundieren, braucht der Zucker also nur 10^{-8} Stunden = 0,003 Sekunden. Im Bereiche mikroskopischer Entfernungen erfolgt die Diffusion somit oft sehr schnell.

Die Beziehungen zwischen Diffusionsstrecke und diffundierende Mengen haben aber auch eine andere Seite. Denken wir uns etwa eine Flüssigkeitsschicht zwischen zwei Lösungen verschiedener, konstanter Konzentrationen. Solange nun ein solcher stationärer Zustand („steady state") vorhanden ist, sind die Stoffmengen, die in der Zeiteinheit durch die Schicht diffundieren, der Dicke der trennenden Schicht — also nicht etwa dem Quadrat der Schichtdicke! — umgekehrt proportional.

Mit wachsender Größe der diffundierenden Moleküle nimmt die Diffusionsgeschwindigkeit ab, die quantitativen Beziehungen zwischen Molekülgröße und Diffusionskoeffizient sind aber ziemlich verwickelt. Häufig wird in diesem Zusammenhang auf die Gleichung von Stokes-Einstein hingewiesen. Sie lautet

$$D = \frac{RT}{N} \cdot \frac{1}{6\pi\eta\rho}$$

worin D den Diffusionskoeffizienten, R die Gaskonstante, T die absolute Temperatur, N die A v o g a d r o sche Konstante, η die Viskosität des Lösungsmittels und ρ den Molekülradius darstellt. Hiernach sollte der Diffusionskoeffizient also dem Molekülradius, d. h. der Kubikwurzel aus dem Molekularvolumen umgekehrt proportional sein. Es darf aber nicht übersehen werden, daß diese Gleichung auf Grund gewisser vereinfachender

Annahmen hergeleitet worden ist, die durchaus nicht immer auch nur annähernd erfüllt sind. Vor allem setzt die STOKES-EINSTEIN-Gleichung voraus, daß die diffundierenden Moleküle sphärisch und sehr groß im Verhältnis zu den Molekülen des Diffusionsmediums sind. Daher kommt es, daß sie zwar bei der Diffusion von Kolloiden in Wasser oft recht gut stimmt, bei der Diffusion von kleineren Molekülen dagegen versagt (POLSON 1950, POLSON und VAN DER REYDEN 1950, LONGSWORTH 1955). Besonders etwa im Falle der Diffusion verhältnismäßig kleiner Moleküle durch die aus großen Molekülen aufgebaute Plasmahaut wäre es offenbar ganz verfehlt, eine auch nur approximative Gültigkeit der STOKES-EINSTEINschen Gleichung anzunehmen.

Dagegen ist die einfache von THOVERT (1909) vorgeschlagene Beziehung

$$D \sqrt{M} = \text{konst.}$$

wenigstens bei der Hydrodiffusion von organischen Nichtelektrolyten praktisch gut anwendbar. So geht z. B. aus einer Zusammenstellung bei SPANDAU (1941) hervor, daß das Produkt $D\sqrt{M}$ bei 24 organischen Verbindungen mit recht verschiedenartig gebauten Molekülen und mit Molekulargewichten zwischen 32 und 504 höchstens nur um ± 4% vom Mittelwert abweicht. Bau und Form der Moleküle scheinen somit recht wenig Einfluß auf den Diffusionskoeffizient zu haben. (Vgl. auch ROBINSON und STOKES 1957, S. 49.)

Vergleicht man die Diffusionsgeschwindigkeiten derselben Substanz in verschiedenen Lösungsmitteln, so ergibt sich als erste Approximation, daß der Diffusionskoeffizient der Viskosität des Lösungsmittels umgekehrt proportional ist, wie dies ja auch nach der Gleichung von STOKES-EINSTEIN der Fall sein sollte. Abweichungen von dieser Regel kommen jedoch häufig vor und sind u. a. durch wechselnde Solvatation und wechselnde Assoziation der diffundierenden Moleküle bedingt (vgl. LONGSWORTH 1955, CHANG und WILKE 1955).

Wertvolle Einblicke in den Mechanismus der Diffusion vermittelt das Studium der Abhängigkeit der Diffusionsgeschwindigkeit von der Temperatur. Im Abschnitt XII kommen wir auf diese Frage noch zurück.

Zum Schluß sei darauf hingewiesen, daß die übliche Unterscheidung zwischen diffundierenden Molekülen und Molekülen des als ruhend gedachten Mediums etwas gekünstelt sein dürfte, denn tatsächlich beteiligen sich im allgemeinen beide Molekülgattungen an dem Prozeß, der somit eine „Interdiffusion", d. h. eine g e g e n s e i t i g e Vermischung oder gegenseitige räumliche Durchdringung der beiden Substanzen darstellt.

Bei der Diffusion eines E l e k t r o l y t e n können die entgegengesetzt geladenen Ionen infolge der zwischen ihnen herrschenden elektrostatischen Anziehungen nicht unabhängig voneinander wandern, auch wenn etwa das eine Ion infolge größerer Beweglichkeit voranzueilen bestrebt wäre. Vielmehr zieht das beweglichere Ion seinen trägeren Partner mit sich und wird dabei entsprechend in seiner Bewegung gebremst. Eine analytisch nachweisbare Trennung der beiden Ionen findet also nicht statt, wohl aber bedingt jeder Beweglichkeitsunterschied zwischen den entgegengesetzt geladenen diffundierenden Ionen die Entstehung eines elektrischen Potentialgefälles, eines Diffusionspotentials. Ist nämlich die Beweglichkeit des Kations größer als die des Anions, dann ladet sich die verdünntere Lösung durch Vorauseilen der Kationen positiv auf, während die konzentriertere Lösung negativ wird. Wandert wiederum das Anion schneller als das Kation, so ist das Ergebnis das entgegengesetzte. Die Größe des entstehenden Diffusionspotentials läßt sich auf Grund einer von Nernst aufgestellten Gleichung aus den Ionenbeweglichkeiten leicht berechnen.

Eingehendere Darstellungen der Diffusion findet man z. B. bei Jacobs (1935), Dean (1947), Hitchcock (1947), Jost (1952) und Spanner (1956).

2. Diffusion durch Membranen

Seit langem ist es üblich, die selektive Durchlässigkeit von Membranen alternativ auf zwei ganz verschiedenartige Prinzipien — A und B — zurückzuführen.

A. In dem einen Falle besteht die Membran aus einer dünnen Schicht einer mit Wasser nicht mischbaren Flüssigkeit, kurz eines „Öles", das zwischen zwei wässerigen Phasen ausgebreitet ist. Es leuchtet ein, daß die Durchlässigkeit bzw. Undurchlässigkeit einer solchen Ölschicht in entscheidender Weise davon abhängt, ob die Substanzen, die bestrebt sind, aus der einen wässerigen Phase durch die Ölschicht hindurch in die andere durch Diffusion sich auszubreiten, in dem betreffenden Öl löslich sind oder nicht: ist eine Substanz praktisch unlöslich in dem Öl, so kann sie die Ölschicht nicht durchdringen, je reichlicher sie sich aber in dem Öl löst, um so leichter ist es ihr ceteris paribus hindurchzudiffundieren. Dieses Prinzip der auswählenden oder selektiven Löslichkeit als Grundlage der auswählenden Durchlässigkeit einer Membran ist bereits 1855 von L'Hermite ausgesprochen worden und im Jahre 1890 wies Nernst erneut auf seine Bedeutung hin. In der physiologischen Permeabilitätsforschung spielt dieses Prinzip seit Overton (1899) eine zentrale Rolle.

B. In ganz anderer Weise hat Moritz Traube, der Entdecker der sogenannten Niederschlagsmembranen, vor bald 100 Jahren die begrenzte Durchlässigkeit dieser Membranen zu erklären versucht. Er nahm nämlich an, daß sie von äußerst feinen Poren durchsetzt seien und daß Stoffe, deren Moleküle kleiner als der Durchmesser der Poren sind, durch die Membran diffundieren können, nicht aber Stoffe, deren Moleküldurchmesser den Porendurchmesser überschreitet. Die Niederschlagsmembranen sollten somit nach Traube als „Molekülsiebe" wirken, mit deren Hilfe es möglich sein sollte, wenigstens die relative Molekülgröße gelöster Stoffe zu bestimmen. Auch dieses Molekülsieb- oder Ultrafilterprinzip wurde zur Erklärung der Protoplasmadurchlässigkeit herangezogen und hat seitdem nicht aufgehört, die Gedanken der Permeabilitätsforscher zu beschäftigen.

Im folgenden sollen Membranen, die nach dem Prinzip der selektiven Löslichkeit fungieren, als homogene Membranen bezeichnet werden, wogegen solche, deren begrenzte Durchlässigkeit auf Siebwirkung zurückzuführen ist, Porenmembranen genannt werden sollen. Mit Nachdruck muß hier aber betont werden, daß die Alternative A und B eigentlich nur zwei extreme Fälle darstellen, die durch zahlreiche Zwischenstufen miteinander verbunden sind. Eine ganz scharfe Grenze zwischen stabilen Kapillarräumen oder „Poren" einerseits und den infolge der Wärmebewegungen der Moleküle periodisch entstehenden und wieder verschwindenden „fluktuierenden Hohlräumen" andererseits existiert nämlich kaum (MANEGOLD 1955, p. 14). Tatsächlich sind eben für die Zellphysiologie gewisse Membranen von besonderem Interesse, die eine ziemlich intermediäre Stellung zwischen den homogenen Membranen und den Porenmembranen einnehmen. Sie sollen nach A und B als ein dritter Fall C behandelt werden.

Unabhängig von der speziellen Art des Permeationsmechanismus sind die in der Zeiteinheit hindurchgetretenen Stoffmengen dem jeweiligen Konzentrationsunterschied zwischen den Lösungen beiderseits der Membran proportional. Es gilt nämlich, sobald ein stationärer Zustand erreicht worden ist, die Gleichung

$$dM = P \cdot dt \cdot A \cdot (c_1 - c_2)$$

worin dM die Stoffmenge bedeutet, die in der Zeit dt unter dem Einfluß des Konzentrationsunterschiedes $c_1 - c_2$ durch die Membranfläche A diffundiert, während P ein Maß der Durchlässigkeit der Membran für den betreffenden Stoff darstellt. P wird als die P e r m e a b i l i t ä t s k o n s t a n t e der Membran für den betreffenden Stoff oder als die P e r m e a t i o n s k o n s t a n t e der diffundierenden Substanz der Membran gegenüber bezeichnet. Sie gibt an, wieviel von der Substanz in der Zeiteinheit durch die Flächeneinheit der Membran hindurchdiffundiert, wenn die Konzentrationsdifferenz z w i s c h e n d e n L ö s u n g e n beiderseits der Membran $= 1$ ist, womit aber durchaus nicht gesagt werden soll, daß das Konzentrationsgefälle i n n e r h a l b der Membran $= 1$ sein muß. Im Gegensatz zu dem Diffusionskoeffizienten hat die Permeationskonstante die Dimension $L \cdot T^{-1}$. Diffusionskoeffizienten und Permeationskonstanten sind also unter keinen Umständen direkt miteinander vergleichbar.

A. Homogene Membranen

Wir denken uns das folgende System:

P h a s e I	P h a s e II	P h a s e III
Eine wässerige Lösung der permeierenden Substanz S	Eine mit Wasser nicht mischbare homogene Ölschicht	Wasser oder eine wässerige Lösung

Der Permeationsvorgang besteht dann aus drei sukzessiven Teilvorgängen: 1. Die permeierende Substanz S tritt aus der Phase I in die Phase II über, indem sie sich in der Membransubstanz an der linken Grenzschicht der Membran löst, 2. sie diffundiert von der linken Grenzfläche der Membran zu der entgegengesetzten, und 3. sie tritt aus der Membranphase in die Phase III über.

Die Geschwindigkeit des Gesamtvorganges wird selbstverständlich in erster Linie von der Geschwindigkeit des jeweils langsamsten Teilprozesses bestimmt.

Ob an den Phasengrenzen besondere Übergangswiderstände vorhanden sind, die den Durchtritt durch die Grenzschicht beträchtlich verzögern, scheint trotz zahlreicher diesbezüglicher Untersuchungen (z. B. Davies 1950, Tung und Drickamer 1952, Ward und Brooks 1952, Auer und Murbach 1954, Bollen 1959) kaum ganz endgültig entschieden zu sein. Wenigstens im Falle einigermaßen dicker Membranen kommt jedoch eine eventuelle Stauung an den Grenzflächen neben dem verhältnismäßig langsamen Teilprozeß 2 kaum in Betracht. Seine Geschwindigkeit hängt wiederum von zwei ganz verschiedenen Umständen ab, nämlich a) von der Verteilung der diffundierenden Substanz zwischen Membransubstanz und Wasser sowie b) von dem Diffusionswiderstand innerhalb der Membran.

Je mehr die Verteilung zuungunsten der Membranphase ausfällt, um so niedriger wird die Konzentration der diffundierenden Substanz in der Membran sein und um so geringere Stoffquantitäten werden folglich pro Zeiteinheit durch die Membran diffundieren, da die Membran unter diesen Umständen eine Zone abgeflachten Konzentrationsgefälles darstellt. Es ist somit verständlich, daß die Permeationsgeschwindigkeit von wenig membranlöslichen Substanzen dem Verteilungskoeffizient Membransubstanz/Wasser beinahe direkt proportional ist. Allerdings spielt auch der Diffusionswiderstand (Faktor b) hier eine Rolle, da aber die Diffusionskoeffizienten verschiedener Stoffe verhältnismäßig wenig variieren, wogegen ihre Verteilungskoeffizienten innerhalb eines Bereichs von etwa 6—8 Zehnerpotenzen wechseln, so versteht man, daß die Permeabilität homogener Membranen gegenüber verschiedenen Stoffen in ganz ausschlaggebender Weise eben von den Verteilungskoeffizienten bestimmt wird. Die Frage, wie die Verteilung einerseits von der Konstitution der sich verteilenden Substanz und andererseits von den Eigenschaften verschiedener Lösungsmittel abhängt, wird im Abschnitt V/2 sowie im Anhang (S. 73) behandelt.

Den Prozeß des „Hindurchlösens" durch eine homogene Membran haben Brintzinger und Beier (1937) D i a s o l y s e genannt im Gegensatz zu der Dialyse, wobei der Stoffdurchschnitt durch präformierte Poren stattfindet.

Sehr eingehend ist die Permeation von Gasen und Dämpfen durch Membranen aus Kautschuk und mancherlei Kunststoffen studiert worden (z. B. Barrer 1942, van Amerongen 1950, Rogers und Mitarb. 1956, Lasoski und Cobbs 1959). Ihre Durchlässigkeit ist zum großen Teil auf Lösungsvorgänge, vielleicht auch auf Adsorptionsvorgänge, zurückzuführen. Doch spielt vielfach auch die innere Struktur für ihre Permeabilität eine beträchtliche Rolle, so daß sie wohl am ehesten als Übergangsformen zwischen homogenen Membranen und Porenmembranen anzusehen sind. „Der Mechanismus der aktivierten Diffusion beruht beim Kautschuk und den kautschukähnlichen Stoffen auf der Mikrobewegung der Kettenmoleküle, bei der sich statistisch verteilte Hohlräume öffnen und schließen, die weit genug sind, um einem passenden Kleinmolekül den Ein- und Austritt in Richtung des abnehmenden Konzentrationsgefälles zu gestatten bzw. zu verhindern (Platzwechsel des schwingenden Kleinmoleküls bei genügend großer thermischer Anregung). Wird die Mikrobewegung der Kettenmoleküle durch wachsende Vernetzung verringert, so verringert sich die Weite der Hohlräume und damit auch die Zahl der durchtrittsfähigen Molekülsorten." (Manegold 1955, p. 592.)

Die I o n e n durchlässigkeit homogener Membranen ist besonders eingehend von Beutner (1920, 1933) und Osterhout (1940, 1958) studiert worden. Die Untersuchungsmethode bestand vorwiegend darin, die elektrischen Potentiale zu messen, die entstehen, wenn eine organische, mit Wasser nicht mischbare Flüssigkeit zwischen zwei wässerige Elektrolytlösungen verschiedener Zusammensetzung eingeschaltet wird. Eine derartige Technik ist allein schon aus dem Grunde geboten, weil starke Elektrolyte äußerst wenig öllöslich sind, so daß chemisch-analytisch faßbare Ionenmengen nicht leicht in einer begrenzten Zeit durch eine Ölschicht permeieren, wogegen gut meßbare elektrische Potentiale sich schnell ausbilden, die davon herrühren, daß entweder das Kation oder das Anion eine größere Tendenz hat, durch die Ölschicht zu permeieren.

Im einfachsten Fall befindet sich beiderseits der Membran derselbe Elektrolyt, z. B. Kaliumchlorid, aber in verschiedenen Konzentrationen. Enthält nun die Membran eine schwache organische Säure, so wird die verdünntere KCl-Lösung positiv im Verhältnis zur konzentrierteren. Dies zeigt, daß die Ölschicht in diesem Falle wohl für das Kation, nicht aber für das Anion permeabel ist. Nehmen wir an, daß die Membran z. B. aus Guajacol besteht, so läßt sich ihre selektive Kationenpermeabilität durch die Annahme erklären, daß das Guajacol mit K^+-Ionen K-Guajacolat bildet, das in der Guajacolphase löslich ist, wogegen Cl^--Ionen keine entsprechende Möglichkeit haben, durch die Membran zu dringen. Man kann auch annehmen, daß H^+-Ionen aus der sauren Membransubstanz gegen K^+-Ionen ausgetauscht werden, daß aber den Cl^--Ionen keine entsprechende Möglichkeit offensteht. Enthält die Ölschicht eine schwache organische Base, z. B. Anilin, so wird umgekehrt die verdünnte KCl-Lösung negativ als Zeichen dafür, daß die Membran jetzt selektiv anionenpermeabel ist. Die Erklärung ist der eben gegebenen analog.

Elektrische Potentiale entstehen auch, wenn eine Ölschicht zwischen wässerige Lösungen verschiedener Elektrolyte eingeschaltet wird. Experimentiert man z. B. mit Chloriden verschiedener Alkalimetalle, so ergibt sich die Reihe $Cs<Rb<K<Na<Li$ in dem Sinne, daß die CsCl-Lösung negativ gegenüber der RbCl-Lösung wird, während diese negativ im Verhältnis zur KCl-Lösung wird usw. Ölmembranen sind also für Cs-Ionen am durchlässigsten, für Li-Ionen am wenigsten durchlässig. Dies ist leicht verständlich, da die Hydratation der Alkalikationen bekanntlich von Cs zu Li stark zunimmt. Dementsprechend nimmt die Öllöslichkeit der Anionen in der Reihenfolge $SCN>J$, $NO_3>Cl>SO_4$ ab. Elektrochemisch besonders aktiv sind Salze von dem Typus der Alkylaminchlorhydrate oder der Alkaliacetate, da in solchen Fällen das organische Ion viel öllöslicher ist als sein anorganischer Partner.

B. Porenmembranen

Wenn der Porendurchmesser einer Membran sehr viel größer ist als der Durchmesser der diffundierenden Moleküle, so beeinflußt die Membran den Diffusionsprozeß nur insofern, als sie die Diffusionsfläche A verringert. Die Geschwindigkeiten, mit denen verschiedene Substanzen in einem derartigen Fall durch die Membran permeieren, sind somit ihren Diffusionskoeffizienten bei freier Hydrodiffusion direkt proportional, d. h. die Permeationskonstanten verschiedener Substanzen sind annähernd der Quadratwurzel aus ihrem Molekulargewicht umgekehrt proportional. Wenn aber der Porendurchmesser verringert wird, bis er sich dem Durchmesser der permeierenden Moleküle nähert, tritt allmählich eine Selektivität der Membrandurchlässigkeit in Erscheinung: die Permeation der größten Moleküle wird jetzt bedeutend kräftiger gehemmt als die der kleineren und man kann somit hier von einer Molekülsiebwirkung der Membran sprechen. Je enger die Poren werden, um so ausgeprägter wird die Siebwirkung.

Dies ist besonders deutlich bei den vieluntersuchten Kollodiummembranen zu sehen, da sich ihre Porengröße innerhalb weiter Grenzen nach Belieben abstufen läßt. (Fujita 1926, Collander 1926, Sollner und Carr 1942, Sollner 1945, Carr und Mitarb. 1957). Wartet man nämlich beim Herstellen von Kollodiummembranen, bis sich das als Lösungsmittel dienende Alkohol-Äther-Gemisch vollständig verflüchtigt hat, ehe die Membran in Wasser getaucht wird, so bekommt man eine äußerst engporige Membran. Je mehr Lösungsmittel aber in der Membran vorhanden ist, wenn sie in Wasser getaucht wird, um so weitporiger wird sie. Auch durch nachträgliche Behandlung einer dichten Kollodiummembran mit zweckmäßig gewählten Alkohol-Wasser-Gemischen läßt sich ihre Porengröße nach Wunsch steigern. Da aber nicht alle Poren einer gegebenen Membran von genau gleicher Weite sind — ihr Diameter variiert vermutlich der Gausschen Wahrscheinlichkeitskurve gemäß um einen gewißen Mittelwert herum —, besteht nie eine ganz scharfe Grenze zwischen der Kategorie der kleinmolekularen und daher permeierenden Verbindungen einerseits und derjenigen der größermolekularen, nichtpermeierenden andererseits.

Neben der Molekülgröße macht sich jedoch, besonders im Falle sehr engporiger Kollodiummembranen, irgendein ganz anderer Permeationsfaktor geltend. Mehr oder weniger hydrophobe Verbindungen permeieren nämlich durch solche Membranen etwas schneller als ausgesprochen hydrophile Verbindungen gleicher Molekülgröße. Die Erklärung hierfür liegt vermutlich in drei gleichsinnig wirkenden Umständen (Sollner und Beck 1944): 1. Die „abnorm schnell" permeierenden Stoffe bewirken eine erhöhte Quellung der Membran. 2. Vermutlich lösen sie sich auch in dem Kollodium und sind infolgedessen befähigt, durch die Membransubstanz selbst — nicht nur durch die Poren — zu diffundieren. 3. Vielleicht werden sie auch an die Porenwandungen adsorbiert, so daß ihre Konzentration innerhalb der Poren größer als in der freien Lösung ist.

Am größten sind diese Abweichungen bei der Diffusion von Gasen durch ganz trockene Kollodiummembranen (Northrop 1929). Vermutlich ist dies darauf zurückzuführen, daß die getrocknete Kollodiummembran an sich ohne eigentliche Poren ist. Vielmehr entstehen die Poren in ihr erst, wenn sie mit Wasser in Berührung kommt und dabei unter Wasseraufnahme etwas quillt (Carr und Sollner 1943).

Typische Molekülsiebe sind die zu mancherlei praktischen Zwecken benutzten Zellulose- bzw. Cellophanmembranen (Renkin 1954). Sie sind aber immer ziemlich weitporig und daher nicht gut mit den Plasmahäuten vergleichbar.

Ein recht engporiges Molekülsieb stellt dagegen die bereits von M. TRAUBE und PFEFFER studierte Kupferferrocyanidmembran dar, die als eine gelatinöse Fällung entsteht, wenn eine Cuprisalz- und eine Ferrocyanidlösung miteinander in Berührung gebracht werden. Organische Verbindungen mit einem Molekulargewicht oberhalb etwa 100 werden nämlich fast ganz von dieser Membran zurückgehalten, und zwar unabhängig von ihren sonstigen Eigenschaften (COLLANDER 1924, 1925). Über die submikroskopische Struktur dieser Membran finden sich Angaben bei WEISER und MILLIGAN (1942) sowie FREISE (1951).

Zu interessanten Ergebnissen ist man beim Studium der Sorption von Gasen und Dämpfen seitens aus Aluminiumsilikat bestehenden Zeolithen gelangt, die durch Erhitzen das in ihnen ursprünglich enthaltene Wasser verloren haben, ohne daß es dabei zu einer Zertrümmerung des Kristallgitters gekommen ist (BARRER 1949). Je nach der Beschaffenheit ihres Kristallgitters können nämlich die Zeolithe nur Moleküle von ganz bestimmten Dimensionen aufnehmen, wobei eben auch die F o r m der diffundierenden Moleküle für ihre Aufnehmbarkeit von entscheidender Bedeutung ist. So z. B. nehmen bestimmte Zeolithe beliebige *n*-Paraffine, dagegen gar keine *iso*-Paraffine auf. Dies wird verständlich, wenn man bedenkt, daß bei allen *n*-Paraffinen der Molekülquerschnitt gleich groß ist, daß aber die Verzweigungsstelle der Kohlenstoffkette bei den *iso*-Paraffinen wie ein „Knoten" wirkt, der die Bewegungen der Moleküle im Kristallgitter hindert.

Es liegt nahe, die scharfe Selektivität der Stoffaufnahme bei den Zeolithen auf die große Regelmäßigkeit ihrer Kristallstruktur zurückzuführen. Doch scheint es, daß sich kettenförmige Paraffinmoleküle auch in einem Medium aus amorphem Polyisobutylen fast ausschließlich in ihrer Längenrichtung bewegen — offenbar weil der Widerstand dabei sehr viel kleiner ist, als wenn die diffundierenden Moleküle sich in ihrer Querrichtung verschieben würden. So kommt es, daß der Friktionswiderstand bei den unverzweigten Paraffinmolekülen einfach der Kettenlänge proportional ist, wogegen eine Verzweigung der Kette den Diffusionswiderstand sofort vergrößert (PRAGER und LONG 1951).

Wir wenden uns jetzt der I o n e n p e r m e a b i l i t ä t zu und fangen dabei mit den in dieser Hinsicht besonders eingehend studierten Kollodiummembranen an. Die grundlegenden Untersuchungen über ihre Ionendurchlässigkeit stammen von MICHAELIS (Zusammenfassung: MICHAELIS 1929). Später sind sie dann besonders erfolgreich von SOLLNER und seinen Mitarbeitern studiert worden (SOLLNER 1950, 1958, und die dort zitierte Literatur).

Wie sich die Kollodiummembranen Anelektrolytlösungen gegenüber als Molekülsiebe verhalten, so betätigen sie sich Elektrolytlösungen gegenüber als Ionensiebe. Wichtig ist dabei, daß die Porenwandungen der Membran mit festsitzenden negativen Ladungen besetzt sind, die vornehmlich von gewißen sauren Verunreinigungen der Nitrocellulose herrühren. Diese Ladungen stoßen Anionen ab. Bei genügender Enge der Poren und genügender Ladungsdichte ihrer Wandungen wird die Membran infolgedessen vollkommen undurchlässig für Anionen, trotzdem sie Kationen mehr oder weniger leicht durchläßt. Gerade diese strenge selektive Ionendurchlässigkeit der getrockneten, sehr dichten Kollodiummembran ist es, die das Interesse der Physikochemiker besonders gefesselt hat. Wird nämlich eine derartige Membran zwischen zwei Elektrolytlösungen unterschiedlicher Zusammensetzung eingeschaltet, so entsteht zwischen den beiden Seiten der Membran ein elektrischer Potentialunterschied, der sich bequem messen läßt und zur Charakterisierung der Membran herangezogen werden kann. Die so entstehenden Membranpotentiale sind im allgemeinen um ein Vielfaches größer als die entsprechenden bei freier Diffusion entstehenden Diffusionspotentiale. Aus der Größe des Membranpotentials läßt sich die relative Größe der Kationen- und Anionendurchlässigkeit der Membran berechnen. Eben auf derartigen Berechnungen gründet sich zum größten Teil unsere derzeitige Kenntnis von der Ionenpermeabilität dieser Membran. Die in herkömmlicher Weise hergestellten getrockneten Kollodiummembranen sind nämlich selbst für Kationen sehr wenig durchlässig, so daß man häufig einige Wochen warten muß, ehe analytisch nachweisbare Ionenmengen hindurchgetreten sind, wogegen das Membranpotential bereits in wenigen Minuten seine definitive Größe erreicht. (In neuerer Zeit ist es allerdings Sollner und seinen Mitarbeitern gelungen, Kollodiummembranen herzustellen, die eine strenge Ionenselektivität mit einer beträchtlichen Ionenpermeabilität vereinigen.)

Während gewöhnliche Kollodiummembranen, wie gesagt, selektiv kationendurchlässig sind, kann man durch Zufügen basischer Stoffe Membranen herstellen, in denen das Kollodium als festes Gerüst dient, die aber infolge der Dissoziation der hinzugefügten Base positive Ladungen an ihren Porenwandungen tragen und daher selektiv anionendurchlässig sind.

Die Ionenpermeabilität der Kollodiummembranen ist aber nicht nur in dem Sinne ausgesprochen selektiv, daß eine gegebene Membran praktisch nur Kationen, eine andere wiederum nur Anionen hindurchläßt. Vielmehr läßt die Membran auch verschiedene Kationen bzw. verschiedene Anionen mit sehr unterschiedlicher Geschwindigkeit hindurch. In bezug auf Kationen geht dies aus der folgenden Zusammenstellung von Michaelis (1929) hervor, in der die jeweilige Beweglichkeit des K-Ions als Einheit gewählt worden ist:

	Li	Na	K	Rb	H
Relative Beweglichkeit in wässeriger Lösung	0,52	0,65	1	1,04	4,9
Relative Beweglichkeit in der Membran	0,048	0,14	1	2,8	42,5

Wie ersichtlich, ist die Reihenfolge der Ionenbeweglichkeiten ohne und mit Membran ganz dieselbe, nur steigert die Membran die bereits in freier wässeriger Lösung bestehenden Beweglichkeitsunterschiede um ein Vielfaches. Michaelis bemerkt jedoch, daß der Ausdruck „Beweglichkeit in der Membran" nicht allzu wörtlich aufzufassen ist. Es handelt sich nämlich nicht etwa nur darum, daß dieselben Membranporen einige Ionen schneller, andere langsamer passieren lassen, sondern vor allem auch darum, daß den kleinsten Ionen eine bedeutend größere Anzahl von Poren offen steht als den größeren. Vgl. auch Neihof und Sollner (1956).

Den Kollodiummembranen schließen sich Membranen an, die aus den in den letzten Jahren so eifrig studierten Ionentauscherharzen hergestellt sind (vgl. z. B. Argersinger 1958, Walton 1959). Eine solche Membran besteht aus einem netzartig durchbrochenen, dreidimensionalen Harzskelett, dessen innere Oberfläche mit austauschbaren Kationen oder Anionen besetzt ist. Die Maschen des Harznetzes sind von einer zusammenhängenden Wasserphase ausgefüllt. Die Ionendurchlässigkeit einer solchen Membran wird, ganz wie es bei den Kollodiummembranen der Fall ist, von der Ladungsdichte der Porenwände und von den Dimensionen der wassererfüllten Räume bestimmt.

Experimentell recht eingehend untersucht ist auch die Ionenpermeabilität der Kupferferrocyanidmembran (Austin und Mitarb. 1944, Tolliday und Mitarb. 1949, Craig und Hartung 1952, Landsberg 1952; vgl. auch Gregor 1957). Hier gilt die folgende Permeationsreihe: $Cl > Br > NO_3 > J > JO_3 > SO_4 > C_2O_4 > Fe(CN)_6$. Als wichtigste permeationsbestimmende Faktoren wurden erkannt: einerseits die Ladungsdichte der Membranporen, die durch Adsorption weiterer Ionen nachträglich noch modifiziert werden kann, und andererseits die Valenz und die Dimensionen der diffundierenden Ionen.

Prinzipiell ähnlich wie die Kollodium- und Kupferferrocyanidmembran verhalten sich poröse Membranen sehr verschiedener chemischer Zusammensetzung, z. B. solche aus Gelatine oder Pergamentpapier. Dasselbe gilt für solche natürliche Membranen wie etwa Apfelschale, Harnblase und andere tierische Membranen. Nur variiert bei so differenten Membranen die Porenweite und die Ladungsdichte der Porenwände innerhalb weiter Grenzen und dementsprechend auch ihre Ionenselektivität.

Eine allgemeine Theorie der Ionenpermeabilität poröser Membranen und der an ihnen entstehenden elektrischen Potentiale ist von Teorell (1935, 1951, 1953) sowie unabhängig von ihm von Meyer und Sievers (1936) ausgearbeitet worden. Der Ausgangspunkt dieser ziemlich komplizierten Theorie liegt darin, daß die Porenwandungen der Membran mit unbeweglichen elektrischen Ladungen besetzt sind, die entweder von der Ionisation der Membransubstanz oder von der Adsorption fremder Ionen herrühren. Hierdurch sind die Voraussetzungen gegeben für die Entstehung eines D o n n a n -Gleichgewichts zwischen dem Poreninhalt einerseits und der umgebenden Lösung andererseits. Die Festladungen der Porenwände sind dabei bestrebt, gleichsinnig geladene Ionen aus den Poren zu verdrängen. In verdünnten Lösungen ist diese Verdrängung — bei genügender Enge der Poren und genügender Ladungsdichte ihrer Wandungen — praktisch vollständig. Dann ist die Membran offenbar nur für entgegengesetzt geladene Ionen durchlässig. In Berührung mit Salzlösungen höherer Konzentration ist die Ionenselektivität dagegen herabgesetzt. Die Theorie von Teorell und Meyer-Sievers versucht nun, eben die Beziehungen zwischen der Ladungsdichte, der Porenweite und der Konzentration der Lösungen beiderseits der Membran sowie der Größe des entstehenden Membranpotentials quantitativ zu erfassen.

C. Paucimolekulare Membranen

Wir kommen jetzt zu Membranen, die aus nur ganz wenigen Molekül-schichten bestehen. Die Durchlässigkeit solcher Membranen für diffundie-rende Stoffe bietet spezielle Probleme, die sich nicht in derselben Weise bei dickeren Membranen geltend machen.

Der grundlegende Unterschied zwischen paucimolekularen Membranen und dickeren Membranen gleicher chemischer Zusammensetzung liegt darin, daß in dickeren Membranen die sie zusammensetzenden Moleküle gewöhn-lich ungeordnet in allen Richtungen des Raumes liegen, wogegen die Mole-küle der paucimolekularen Filme regelmäßig orientiert sind, indem sie ihre hydrophilen Enden dem wässerigen Medium zukehren, während sich ihre hydrophoben Kohlenwasserstoffketten nach Möglichkeit parallel zu-einander legen.

Denken wir etwa an einen monomolekularen Fettsäurefilm in der Grenz-fläche Wasser/Luft. Wird die Durchlässigkeit eines solchen Films nach dem Löslichkeitsprinzip geregelt, wie dies bei homogenen Membranen der Fall ist, oder verhält sie sich diffundierenden Substanzen gegenüber wie eine Porenmembran? Da die Moleküle der monomolekularen Schicht dicht an-einander schließen und durch van der Waalssche Kräfte zusammengehal-ten werden, wird man sich berechtigt fühlen zu erwarten, daß Substanzen, die in Fettsäuren löslich sind, bevorzugt durchgelassen werden. Anderer-seits aber führen die Moleküle des Fettsäurefilms Wärmebewegungen aus, was zur Folge hat, daß sich von Zeit zu Zeit Lücken zwischen den Fett-säuremolekülen öffnen, so daß auch Moleküle, die nicht fettsäurelöslich sind, besonders wenn sie genügend klein sind, Gelegenheit haben dürften, durch den Film zu permeieren. Hier macht sich also voraussichtlich auch das Mole-külsiebprinzip geltend.

Dieses kleine Beispiel zeigt bereits, daß die paucimolekularen Membra-nen einen eigenartigen Grenzfall darstellen, bei dessen Behandlung unsere gewohnte, auf weit gröbere Systeme zugeschnittene Terminologie nur mit größter Vorsicht anzuwenden ist. „In such thin membranes the distinction between pores and solubility breaks down and the rival theories appear as different aspects of the same phenomenon", sagt Dean (1947, S. 512).

Ebenso klar zeigt sich die Sonderstellung der paucimolekularen Mem-branen, wenn wir uns die Frage vorlegen, wie groß die Löslichkeit einer gegebenen Substanz in der Membranphase in einem derartigen Fall ist. Kann man überhaupt von „Löslichkeit" in einem so eigenartigen Gebilde, wie es eine mono- oder bimolekulare Membran ist, reden? Darüber läßt sich bis ins Unendliche diskutieren. Sicher ist einerseits, daß dieselben inter-molekularen Kräfte, welche die Verteilung einer gelösten Substanz zwischen zwei nichtmischbaren Lösungsmitteln bewirken, auch im Spiele sind, wenn sich die Substanz zwischen Wasser und einer paucimolekularen Schicht ver-teilt. Andererseits aber schafft die regelmäßige Orientierung der Lipoid-moleküle so eigenartige Verhältnisse, daß man kein Recht hat anzunehmen, daß Verteilungskoeffizienten Lipoid/Wasser, wie sie etwa auf Grund von Verteilungsbestimmungen im Scheidetrichter erhalten worden sind, ohne

weiteres für die Verteilung derselben Substanz zwischen Wasser und einer
paucimolekularen Lipoidschicht zuträfen. Ebensowenig kann man etwa von
einem regelrechten Konzentrationsgefälle innerhalb einer solchen Membran
sprechen oder annehmen, daß das FICKsche Diffusionsgesetz hier anwendbar wäre.

Dies alles läßt es äußerst wichtig erscheinen, daß die Permeabilitätseigenschaften paucimolekularer Membranen möglichst eingehend erforscht
werden, und zwar um so mehr so, als die osmotisch maßgebenden Plasma-
schichten — das Plasmalemma und der Tonoplast — wahrscheinlich eben
solche Membranen darstellen.

Tatsächlich sind jedoch die paucimolekularen Membranen, die ja sonst
in vieler Hinsicht recht eingehend erforscht sind, gerade betreffs ihrer
Permeabilität sehr mangelhaft untersucht worden, was zweifellos in erster
Linie auf methodische Schwierigkeiten zurückzuführen ist.

Monomolekulare Filme lassen sich ja am leichtesten auf eine Wasser-
oberfläche spreiten. Will man die Durchlässigkeit eines solchen Films studieren, so gibt es kaum eine andere Möglichkeit als die, die Verdunstung
des Wassers und eventuell anderer leicht flüchtiger Bestandteile der Wasserphase durch den Oberflächenfilm hindurch zu untersuchen. Die genaueste
derartige Untersuchung dürfte die von ARCHERS und LaMER (1955) sein. Sie
galt dem Diffusionswiderstand monomolekularer Schichten der gesättigten
Fettsäuren C_{17}—C_{20} für Wasserdampf. Dieser Widerstand nimmt mit der
Länge der Kohlenwasserstoffkette zu und hängt von der Energie ab, welche
nötig ist, um ein Loch („free site") im Film zustandezubringen. „The
magnitude of this energy depends on the potential energy of interaction
of a film molecule with its neighbors in the monolayer. Small foreign molecules having relatively meager interactions with the surrounding molecules
constitute permanent holes in the film or at least sites of small resistance.
Since the total resistance of the monolayer is the resistance of these sites
acting in parallel with sites occupied by acid molecules, a small concentra-
tion of occluded foreign molecules can produce a large decrease in resistance."

Über die Durchlässigkeit monomolekularer Lipoidfilme für andere Stoffe
als Wasser scheinen keine quantitativen Messungen vorzuliegen. Doch hat
man beobachtet, daß Äther leichter als Wasser durch eine solche Schicht ver-
dampft, was wohl auf die Lipoidlöslichkeit des Äthers zurückzuführen ist
(vgl. HÖBER 1936, p. 95).

Die Durchlässigkeit dickerer paucimolekularer Lipoidfilme scheint nicht
viel eingehender studiert worden zu sein, trotzdem DANIELLI bereits 1936
eine Methode angegeben hat, um solche Filme, beiderseits von Wasser um-
geben, herzustellen. Bemerkenswert ist immerhin eine Untersuchung von
BEISCHER und OECHSEL (1943) über die Durchlässigkeit von sogenannten Auf-
baufilmen aus Arachinsäure + Cd-arachinat, die an polierten Flächen von
metallischem Kupfer oder Silber angebracht waren. Gegenüber Schwefel-
wasserstoff bildet ein solcher Film einen bestimmten, mäßigen Widerstand,
der mit zunehmender Dicke des Aufbaufilms größer wird. Für Jodmole-
küle ist der Film sehr durchlässig, was wohl auf die große Löslichkeit des

Jods in Paraffin zurückzuführen ist. Dagegen ist die Durchlässigkeit für in wässeriger Lösung dargebotene Ionen bereits bei Einfachschichten gering und bei fehlerfreien Mehrfachschichten unmeßbar klein. Hier zeigt sich also die Bedeutung der selektiven Löslichkeit bzw. Unlöslichkeit deutlich.

Auch in der Richtung senkrecht zu der Längsachse der Fettsäuremoleküle kann die Permeabilität derartiger Schichten untersucht werden (GREGOR und SCHONHORN 1959). Die diesbezüglichen Untersuchungen stehen aber noch ganz in ihrem Anfang.

III. Die Plasmahäute — eine Fiktion oder Realität?

In seinen „Osmotischen Untersuchungen" aus dem Jahre 1877 hat PFEFFER die Hypothese zu begründen versucht, daß der Diffusionswiderstand der Protoplasten großenteils zwei unsichtbar dünnen, vielleicht sogar nur je eine einzige Molekülschicht umfassenden Plasmahäuten zuzuschreiben sei. Die äußere Plasmahaut, später Plasmalemma genannt (PLOWE 1931), begrenzt den Protoplasten nach außen. Die innere Plasmahaut, von DE VRIES (1885) mit der Benennung Tonoplast belegt, befindet sich an der Grenze zwischen Protoplasma und Zellsaft. Tierischen Zellen fehlen bekanntlich zellsafterfüllte Vakuolen meistens. In solchen Zellen ist dann natürlich auch kein Tonoplast vorhanden.

Bei Permeabilitätsbestimmungen ist man im allgemeinen gezwungen, allein den gesamten Diffusionswiderstand der Protoplasten zu messen. Wenn man aber das Vorhandensein der Plasmahäute als erwiesen oder auch nur wahrscheinlich ansieht, so ist es klar, daß es vom größten Interesse wäre zu wissen, wie sich der empirisch bestimmte Gesamtwiderstand auf die drei Teilwiderstände: 1. des Plasmalemmas, 2. des Binnenplasmas oder Mesoplasmas und 3. des Tonoplasten verteilt (HÖFLER 1931). Tatsächlich liegen hierüber nur noch äußerst spärliche exakte Angaben vor. Um so mehr hat dieses Problem zu weitgehenden Spekulationen Anlaß gegeben.

Wie bereits angedeutet, nahm PFEFFER (1877, 1890) an, daß der Hauptwiderstand in den beiden Plasmahäuten lokalisiert ist, wogegen das Binnenplasma ein im wesentlichen wässeriges Medium darstellt, das diffundierenden Stoffen keinen viel größeren Widerstand entgegensetzt als etwa eine Wasserschicht gleicher Dicke. Diese Lehrmeinung blieb geraume Zeit ziemlich unangefochten bestehen. In neuerer Zeit sind jedoch zahlreiche Versuche gemacht worden, sie zu modifizieren oder gar durch wesentlich abweichende Vorstellungen zu ersetzen. Diese Neuerungsversuche lassen sich in drei Kategorien (A—C) einordnen.

A. Nach der Ansicht einiger Forscher sei das Plasmalemma bedeutend durchlässiger als der Tonoplast, besonders auch für Ionen. Der sogenannte freie Raum oder Außenraum (Free Space, Outer Space), in den diffundierenden Ionen schnell eindringen, umfaßt nach dieser Auffassung nicht nur die Interzellularen und die Zellwände eines pflanzlichen Gewebes, sondern auch große Teile der Protoplasten, vielleicht sogar — falls nur die Tonoplastenmembran durch eine streng selektive Permeabilität ausgezeichnet ist — die ganzen Protoplasten mit Ausnahme der Zellsafträume. Vgl. KRAMER

1957, LEWITT 1957, BRIGGS und ROBERTSON 1957, BRIGGS, Hope und PITMAN 1958 sowie SUTCLIFFE 1959, S. 197).

Diese hauptsächlich eben für pflanzliche Gewebe zugeschnittene Auffassung scheint uns mit mehreren Tatsachen schwer in Einklang zu bringen. Da der eine von uns (COLLANDER 1956 sowie 1959 b, S. 32) dieses Problem bereits ziemlich eingehend besprochen hat, möchten wir dasselbe hier nicht von neuem in seiner Gesamtheit behandeln. Dagegen ist es wichtig, auf zwei inzwischen erschienene Untersuchungen hinzuweisen, in denen zum ersten Male die Diffusionswiderstände des Plasmalemmas einerseits und der Tonoplastenmembran andererseits mit ziemlicher Sicherheit getrennt bestimmt worden sind. Die eine von diesen Untersuchungen, von MacROBBIE und DAINTY (1958), bezieht sich auf die Riesenzellen von *Nitellopsis obtusa*, die andere, von DIAMOND und SOLOMON (1959), bezieht sich gleichfalls auf die Internodialzellen einer Armleuchteralge, nämlich *Nitella axillaris*. In beiden Fällen handelt es sich um Versuche, in denen radioaktive und nicht-radioaktive Isotopen (K, Na und Cl) gegeneinander ausgetauscht werden. Das Ergebnis dieser Untersuchungen war im Prinzip gleichartig. In beiden Fällen ergab sich nämlich, daß sowohl an dem Plasmalemma wie an der Tonoplastenmembran ein sehr großer Widerstand für die untersuchten Ionen besteht. Wenigstens bei diesen zwei ersten genau untersuchten Objekten hat sich somit das PFEFFERsche Schema bestätigt.

B. Eine andere von der „klassischen" Lehrmeinung abweichende Auffassung betont vor allem die Schwerdurchlässigkeit des Binnenplasmas, dessen Hauptbestandteil als eine innige Verbindung von Lipoid und Eiweiß angesehen wird. Man gelangt auf diesem Wege zu einer Verneinung der Sonderstellung der Plasmahäute und wohl besonders auch des Plasmalemmas als Permeationswiderstand. Diese Auffassung geht auf LEPESCHKIN (1924) zurück und ist in den letzten Jahren besonders von HÖFLER (1953, 1958, 1959) verfochten worden. Ein paar Sätze aus der letzten Veröffentlichung HÖFLERS mögen als Belege zitiert werden: „Meine Auffassung ist nun, daß die als Lösungsmittel wirksamen Plasmalipoide nicht nur in den Hautschichten lokalisiert, sondern auch im Binnenplasma vorhanden sind. Als lösende Schicht sind also nicht nur die Plasmahäute wirksam, sondern das Gesamtplasma. — Das Plasmalemma ist eiweißreich und mehr elastisch als das Binnenplasma, aber nie und nirgends läßt sich zeigen, daß es lipoidreich oder gar der alleinige Sitz lösender Lipoide wäre." (HÖFLER 1959, p. 238.)

Demgegenüber möchten wir vor allem betonen, daß unseres Erachtens, wie auf S. 4 dargelegt, der Kernpunkt des sogenannten Permeabilitätsproblems nicht eigentlich in der Erklärung der Durchlässigkeit des Protoplasten liegt, sondern umgekehrt in der Erklärung der höchst auffallenden Undurchlässigkeit bzw. Schwerdurchlässigkeit der lebenden Protoplasten zahlreichen gelösten Substanzen gegenüber. Wenn also Lipoide für das Permeabilitätsproblem von Bedeutung sind, so tun sie das nicht in erster Linie als Lösungsmittel, sondern als Isoliermittel, die den diffundorischen Stoffaustausch zwischen dem Zellinnern und dem Außenmilieu einschränken und großenteils verhindern.

Bei Bancher und Höfler (1959, S. 88) heißt es: „Wäre im Binnenplasma nur die hydrophile Eiweißphase zusammenhängend und die für die Durchlässigkeitseigenschaften maßgebenden Lipoide auf Plasmahautschichten molekularer Dimensionen beschränkt, so wäre die rapide Permeation von lipophilen Farbbasen, wäre überhaupt die Symbasie bzw. Proportionalität von Permeabilität und Lipoidlöslichkeit der verschiedensten Verbindungen völlig unerklärlich." Unseres Erachtens entbehrt diese Behauptung jeder Begründung. Um „die Symbasie bzw. Proportionalität von Permeabilität und Lipoidlöslichkeit" zu erklären, genügt es nämlich vollauf anzunehmen, daß entweder die äußere oder innere Plasmahaut im Wesentlichen aus Lipoiden besteht. Bereits eine einzige solche Schicht ist genug, um hydrophile Stoffe eben nach Maßgabe ihres Hydrophiliegrades auszuschließen. Über den Hydrophobie- oder Hydrophiliegrad des Mesoplasmas besagt die festgestellte Symbasie von Permeationsvermögen und Lipoidlöslichkeit somit nichts.

Außerdem gibt es einige experimentelle Befunde, die — wie uns scheint — mit obiger Auffassung Höflers schwer zu vereinbaren sind. Vor allem die Mikroinjektionsversuche von Chambers (1922) zeigen wohl unzweideutig, daß wenigstens beim Seeigelei das Binnenplasma die freie Diffusion von $NaHCO_3$ und NH_4Cl zuläßt, wogegen das Plasmalemma für diese Salze hochgradig impermeabel ist. Auch die Mikroinjektionsversuche von Plowe (1931) an einigen pflanzlichen Zellen scheinen darzutun, daß gewiße Farbstoffe, für die sowohl Plasmalemma wie Tonoplast undurchlässig sind, sich im Binnenplasma schnell ausbreiten. Ein dritter Fall bezieht sich auf die Diffusion von K^+ im Axoplasma des Tintenfischnerven (Hodgkin und Keynes 1953). Die Diffusion zeigte sich in diesem gelartigen Cytoplasma als innerhalb der Fehlergrenzen gleich schnell wie im Wasser. Alle diese Erfahrungen deuten somit in derselben Richtung. Doch wären weitere Studien über die Wegsamkeit des Binnenplasmas, verglichen mit derjenigen der äußeren und inneren Plasmahäute, noch immer sehr erwünscht, denn endgültig geklärt ist die Frage von der relativen Größe der drei sukzessiven Permeationswiderstände verschiedenen Substanzen gegenüber noch lange nicht. So ist es z. B. gut möglich, daß das Wasser und andere extrem schnell permeierende Stoffe im Binnenplasma einem Widerstand begegnen, der nicht ganz unbedeutend ist verglichen mit dem in diesem Fall sehr geringen Widerstand der Plasmahäute (vgl. Höfler 1949, 1958, Dick 1959).

C. Einen noch viel radikaleren Standpunkt vertritt Troschin (1958). Er verneint nicht nur die Existenz der Plasmahäute, sondern bestreitet darüber hinaus das Vorkommen großer Diffusionswiderstände in den Protoplasten überhaupt. Was man sonst als Auswirkungen der selektiven Permeabilität der Protoplasten ansieht, betrachtet er als Folgen selektiver „Sorptions"Prozesse. Vermutlich beruht Troschins Unterschätzung der Diffusionswiderstände im Plasma zum großen Teil darauf, daß er zahlreiche Fälle der aktiven Stoffaufnahme als Beispiele der einfachen Permeation ansieht.

Uns scheint die Existenz eines oft überaus großen Permeationswiderstandes in lebenden Protoplasten durch so viele ganz verschiedenartige Versuche erwiesen, daß darüber keine ernste Diskussion zwischen Sachverständigen nötig sein sollte. Die genaue Lokalisierung dieses Widerstandes ist dagegen eine weit schwierigere Sache. Persönlich glauben wir zwar, daß der Widerstand größernteils in den Plasmahäuten sitzt. Wer aber diese Ansicht nicht teilen kann, lese Protoplasma, Protoplast oder dergleichen, wenn wir im folgenden von den Plasmahäuten sprechen.

IV. Die Permeabilitätstheorie Pfeffers

In den fünfziger und sechziger Jahren des vorigen Jahrhunderts wurde eindeutig festgestellt, daß pflanzliche Protoplasten gleichzeitig leicht durchlässig für Wasser und fast undurchlässig für , zahlreiche gelöste Stoffe (Zucker, Salze usw.) sein können (Nägeli 1855, Hofmeister 1867). Etwa um dieselbe Zeit wiesen Liebig, Carl Schmidt und Claude Bernard (zit. nach Overton 1907) darauf hin, daß Kalium- und Natriumsalze im tierischen Organismus verschieden verteilt sind, in dem nämlich die Zellen vornehmlich K, die Körpersäfte dagegen überwiegend Na enthalten. Durch diese Feststellungen wurde das Problem der Undurchlässigkeit oder begrenzten Durchlässigkeit der Zellgrenzschichten sowohl in der Pflanzen- wie in der Tierphysiologie aktuell.

Als erster hat wohl Moritz Traube (1867) es versucht, dieses Problem zu lösen, indem er annahm, daß die begrenzt durchlässigen Membranen als Molekülsieb fungieren (vgl. Abschnitt II/2/B).

Pfeffer (1877, 1890) baute auf dem von Traube gelegten Grund weiter. Mit der ihm eigenen Gründlichkeit und Folgerichtigkeit hat er bereits vor mehr als 80 Jahren das ganze Problem der selektiven Permeabilität durchdacht, so weit dies eben zu jener Zeit möglich war. Er stellte sich die begrenzt durchlässigen Membranen aus Kolloidteilchen zusammengesetzt vor. Wenn gelöste Stoffe durch eine solche Membran diffundieren, kann dies nach ihm auf zwei verschiedenen Wegen geschehen, nämlich 1. durch die Kolloidteilchen selbst, indem der Stoff vorübergehend in die Konstitution derselben eintritt, und 2. durch die zwischen den Kolloidteilchen bleibenden wassergefüllten Räume. Diesen zweiten Weg müssen alle diejenigen Stoffe einschlagen, die zu der Membransubstanz keine Affinität haben und daher nicht in die Kolloidteilchen aufgenommen werden können. Pfeffer betont aber im Gegensatz zu Traube, daß die Porenweite, die in einer und derselben Membran verschiedenen Stoffen zur Verfügung steht, keine konstante Größe zu sein braucht, sondern vielmehr von Stoff zu Stoff verschieden sein kann. Dies rührt davon her, daß ein gewißer Teil der interstitiellen Flüssigkeit unter dem Einfluß der von den Kolloidteilchen ausgehenden Molekularkräfte steht. Je nachdem, ob der gelöste Stoff oder das Wasser stärker angezogen wird, wird die Lösung innerhalb des Bereichs dieser Grenzkräfte eine größere oder geringere Konzentration an dem gelösten Stoff enthalten als die freie Außenlösung. In extremen Fällen wird die Grenzschicht sogar frei von dem gelösten Stoff sein. Dann steht dem betreffenden Stoff offenbar nur derjenige Teil des Porenquerschnittes zur Verfügung, der außerhalb des Bereichs der Grenzflächenkräfte liegt, wogegen andere Stoffe gleichzeitig eventuell den ganzen Porenraum als Wanderweg benutzen können. Denkt man sich, daß der ganze Poreninhalt von den Grenzflächenkräften beeinflußt wird, kann ihr Einfluß auf den Permeationsvorgang offensichtlich sehr groß sein.

Obige Ausführungen Pfeffers beziehen sich in erster Linie auf die künstlichen Niederschlagsmembranen, er scheint aber geneigt gewesen zu sein, sie auch auf die Plasmahäute auszudehnen. Über die tatsächliche Durchlässigkeit derselben lag aber zu jener Zeit nur ein äußerst dürftiges Tatsachenmaterial vor. Die Permeabilitätstheorie Pfeffers ist daher vornehmlich als ein spekulativ ersonnenes allgemeines Schema aufzufassen, dessen empirische Prüfung der Zukunft überlassen werden mußte.

Als die sehr schnelle Permeation einiger Anilinfarbstoffe etwa ein Jahrzehnt später von Pfeffer (1886) selbst festgestellt wurde, kommentierte er den neuen Befund mit folgenden Worten: „... sofern genügende Anziehung zwischen den Partikeln der Hautschicht und des gelösten Körpers besteht, drängen sich letztere, gleichsam wie Keile, zwischen die auseinanderweichenden Partikel der Hautschicht und finden so ihren Weg ins Innere der Protoplasmakörper, resp. aus diesen in die angrenzende Flüssigkeit, ohne daß dabei anderen nicht diosmierenden Körper ein Weg gebahnt wird. Deshalb vermögen auch Anilinfarben in die Zelle einzudringen, obgleich ihnen aller Wahrscheinlichkeit nach in der Lösung viel größere Moleküle zukommen, als etwa dem nicht diosmierenden Salpeter.“

Die Permeabilitätstheorie Pfeffers enthält, kann man sagen, den ersten Keim zu mehreren späteren Permeabilitätstheorien. Trotzdem scheint es, als ob sie für geraume Zeit beinahe in Vergessenheit geraten wäre. Erst etwa ein halbes Jahrhundert nach ihrer Veröffentlichung wurde sie wieder aktuell und im Lichte inzwischen hinzugekommener experimenteller Erfahrungen eingehender diskutiert (Collander 1924, Schönfelder 1930, Marklund 1936).

V. Die Lipoidtheorie

1. Grundlagen

Bei seinen seit dem Anfang der neunziger Jahre auf breitester Grundlage ausgeführten Untersuchungen über die Permeabilitätseigenschaften sowohl tierischer wie auch pflanzlicher Zellen gelangte Overton (1899, 1902, 1907) zu dem auch für ihn selbst unerwarteten Ergebnis, daß das Permeationsvermögen verschiedener Verbindungen von ihrer Lipoidlöslichkeit abhängig ist. Entscheidend ist hierbei jedoch nicht die absolute, sondern vielmehr die relative Lipoidlöslichkeit, d. h. der Verteilungskoeffizient Lipoid/Wasser.

Die Untersuchungen Overtons umfaßten viele Hunderte von organischen und anorganischen Verbindungen und bezogen sich auf so verschiedenartige Zellobjekte wie Protozoen, Flimmer-, Drüsen-, Ei-, Sperma- und Nervenzellen, Blutkörperchen und Muskelfasern einerseits, Vertreter fast sämtlicher großer Pflanzengruppen andererseits. Trotzdem war das Ergebnis überall im Prinzip dasselbe. Es trat also hier eine neue, allen lebenden Protoplasten gemeinsame Eigenschaft in Erscheinung.

Zur Erklärung dieser Befunde stellte Overton die Hypothese auf, „daß die Grenzschichten des Protoplasts von einer Substanz imprägniert sind, deren Lösungsvermögen für verschiedene Verbindungen mit demjenigen eines fetten Oels nahe übereinstimmt" (OVERTON 1899, S. 109). Er führte somit die auswählende Permeabilität der Protoplasten auf das auswählende Lösungsvermögen hypothetischer Bestandteile der Plasmahäute zurück.

Präzise Angaben darüber, wie sich OVERTON die Struktur der Plasmahäute gedacht hat, gibt er nirgends. Der Ausdruck, daß sie mit fettähnlichen Stoffen „imprägniert" seien, mag dahin interpretiert werden, daß es sich um eine mikroheterogene Struktur handle. Andererseits hat man doch den Eindruck, daß er sich den Permeationsvorgang am ehesten wohl als eine Diffusion im Dreiphasensystem Wasser/Lipoid/Wasser, also als ein Prozeß des „Hindurchlösens", vorgestellt hat.

Die experimentelle Erfahrung, auf der die Lipoidtheorie basiert, wird wohl am häufigsten etwa so formuliert: je größer die Lipoidlöslichkeit eines Stoffes, um so größer ist auch sein Permeationsvermögen. Der Kernpunkt der Sache erscheint jedoch in richtigerer Beleuchtung, wenn man jenen Satz umkehrt und feststellt: je geringer die Lipoidlöslichkeit, um so geringer ist auch das Permeationsvermögen. Denn, wie in der Einleitung bereits angedeutet wurde, was die lebenden Protoplasten in osmotischer Hinsicht vor allem kennzeichnet, ist doch in erster Linie eben ihre überraschend effektive Isolierung. Ihre ausgesprochene Impermeabilität lipoidunlöslichen Stoffen gegenüber läßt sich kaum erklären, wenn man nicht annimmt, daß die Plasmahaut als wesentliche Bestandteile irgendwelche stark hydrophobe Stoffe, eben irgendwelche fettartige Substanzen enthält. Daß lipophile — und zugleich doch auch wasserlösliche — Stoffe leicht permeieren, ist dagegen bei weitem nicht so merkwürdig. Von diesem Gesichtspunkt aus wäre es somit besser motiviert, von einer Lipoidtheorie des Abschlusses als von der Lipoidtheorie der Permeabilität zu reden.

BOOIJ und BUNGENBERG DE JONG (1956, S. 142) meinen, daß extrem lipoidlösliche Substanzen nicht imstande wären, eine aus Lipoiden bestehende Plasmahaut zu passieren, sondern in ihr haftenbleiben müßten. Es fällt uns schwer, dieser Ansicht beizupflichten. Jedenfalls ist es ja klar, daß sobald Gleichgewicht eingetreten ist, die Konzentration der permeierenden Substanz in den wässerigen Phasen beiderseits der Plasmahaut ungefähr dieselbe sein muß, auch wenn ihre Konzentration in der Plasmahaut noch viel höher ist. Wahrscheinlich rechnen aber BOOIJ und BUNGENBERG DE JONG damit, daß es unter den angedeuteten Bedingungen lange dauern wird, ehe der Gleichgewichtszustand erreicht wird und daß die permeierende äußerst lipoidlösliche Substanz z u n ä c h s t ganz überwiegend in den Plasmahautlipoiden gespeichert wird, weshalb ihre Konzentration in den wässerigen Phasen nur sehr langsam ansteigt. Hierzu ist jedoch zu bemerken, daß ja die Plasmahäute außerordentlich dünn sind (Dicke ~ 100 Å), so daß die Stoffmengen, die in ihnen auf Grund des Verteilungsgesetzes gespeichert werden können, wohl doch unter allen Umständen klein sein müssen. In sehr hohem Grade können die Plasmahäute also wohl doch nicht das Eindringen extrem lipoidlöslicher Substanzen verzögern.

Experimentell läßt sich diese Frage nicht leicht entscheiden, u. a. weil die Wasserlöslichkeit der in Rede stehenden Substanzen sehr klein ist. Doch machen BOOIJ und BUNGENBERG DE JONG auf einige Befunde aufmerksam, die zugunsten ihrer Auffassung gedeutet werden können. Dazu könnte noch hinzugefügt werden, daß nach ROGERS und MCELROY (1958) die Permeation der aliphatischen Aldehyde C_7-C_{14} in

Zellen von Leuchtbakterien um so langsamer stattfindet, je länger ihre Kohlenstoffkette ist. Jedenfalls scheint somit hier die Zunahme der Lipoidlöslichkeit von geringerer Bedeutung für das Permeationsvermögen zu sein als das damit verbundene Anwachsen der Molekülgröße.

2. Beschaffenheit der Plasmahautlipoide

Über die chemische Natur der von ihm hypothetisch angenommenen Plasmahautlipoide äußerte sich Overton (1899, S. 109) zunächst in folgender Weise: „Ein gewöhnliches, fettes Öl wird die Substanz schwerlich sein können; denn es lassen sich z. B. Algenfäden tagelang in einer circa 2 p. m. Lösung von sekundärem Natriumkarbonat (Na_2CO_3) halten, ohne daß eine Schädigung derselben eintritt; eine solche Lösung müßte verseifend einwirken, wenn das Imprägnationsmittel ein fettes Öl wäre... Nach vielem Nachdenken neige ich immer mehr zu der Vermutung, daß das C h o l e s t e r i n oder eine c h o l e s t e r i n a r t i g e V e r b i n d u n g (etwa ein C h o l e s t e r i n e s t e r), resp. ein Gemisch solcher Verbindungen die imprägnierenden Substanzen sein dürften. Es wäre übrigens sehr wohl denkbar, daß Lecithin und in gewissen Fällen fettes Öl ebenfalls beteiligt sind, indem das Cholesterin denselben etwelchen Schutz vor der Verseifung gewähren dürfte." In diesem Zusammenhang bemerkt Overton auch, daß Cholesterin — oder andere Sterine — in allen lebenden Pflanzen- und Tierzellen vorkommen, daß man ihnen aber bis dahin keine besondere Funktion zuzuschreiben gewußt hat, was alles zugunsten des Gedankens spricht, daß diese Substanzen als Bestandteile der Plasmahäute vorkommen könnten. „Im übrigen ist es nicht wahrscheinlich", fährt Overton fort, „daß Cholesterin allein die imprägnierende Substanz ist; dasselbe muß wohl durch irgendeine Beimischung einer anderen Verbindung in Form einer Lösung oder einer Salbe gehalten werden. Durch eine kleine Änderung in der Zusammensetzung dieses Imprägnations-Gemisches könnten die kleineren Variationen in den osmotischen Eigenschaften der Zellen, die namentlich bei tierischen Zellen nicht selten vorkommen, eine ungezwungene Erklärung finden".

Immer noch sind unsere Kenntnisse von der chemischen Natur der postulierten Plasmahautlipoide recht dürftig. Unter Hinweis auf andere Abschnitte dieses Handbuches (Protoplasmatologia II E 2 und II E 3), in denen die Beschaffenheit der Plasmahäute eingehender behandelt werden soll, mögen hier einige kurze Hinweise auf Methoden (a—d) genügen, mittelst deren Aufschlüsse betreffs der Eigenschaften der Plasmahautlipoide gewonnen werden können.

a) C h e m i s c h e A n a l y s e n d e r i s o l i e r t e n P l a s m a h ä u t e sind bisher nur an ganz vereinzelten und dazu noch recht eigenartigen Zellsorten ausgeführt worden. Die sog. Schatten (ghosts) der in hypotonischen Lösungen zum Bersten gebrachten roten Blutkörperchen werden als isolierte Plasmahäute angesehen und sind bereits mehrmals chemisch untersucht worden. Nach den Angaben von Parpart und Ballentine (1952) enthalten sie, außer einer unbekannten Menge Wasser, nur Lipoide und Protein. Bemerkenswert ist, daß der Quotient Lipoid/Protein bei den 17 untersuchten Säugetierarten recht konstant gefunden wurde, und zwar so, daß auf jedes Proteinmolekül etwa 70 Lipoidmoleküle kommen. Die Hauptmenge der Lipoide ist aber nicht frei, sondern irgendwie an die Proteine gebunden. Aus Lipoiden, Proteinen und Kohlehydraten bestehende Komplexe sind ebenfalls in den Blutkörperchenschatten angetroffen worden.

Auch aus mechanisch desintegrierten Bakterien ist es neuerdings gelungen, durch Zentrifugieren Fraktionen zu isolieren, von denen angenommen wird, daß sie aus Plasmahautfragmenten bestehen (MITCHELL und MOYLE 1956, WEIBULL 1957, GILBY und Mitarb. 1958). Chemisch bestehen diese Fraktionen aus Lipoiden und Proteinen, die in der intakten Plasmahaut wohl zu einem großen Teil als Lipoproteide vorhanden waren. Zwischen verschiedenen Bakterienarten sind hinsichtlich der Plasmahautbestandteile deutliche Unterschiede festgestellt worden. Auch die Enzymeigenschaften der aus Bakterien isolierten Plasmahautproteine sind untersucht worden (MITCHELL 1957, STORCK und WAKSMAN 1957).

b) Mikrurgische Versuche. CHAMBERS und HÖFLER (1931) fanden mit mikrurgischer Methodik, daß der Tonoplast von *Allium* ein dünnes Flüssigkeitshäutchen ist, das sich in seinen mechanischen Eigenschaften von der Grundmasse des Cytoplasmas klar unterscheidet. Zugunsten seiner lipoiden Natur spricht seine Benetzbarkeit mit Paraffinöl und Olivenöl und seine Löslichkeit in Chloroform. Die äußere Plasmahaut, das Plasmalemma, verhält sich dagegen etwas anders. Zieht man mit der Mikronadel aus der Oberfläche frisch plasmolysierter *Allium*-Protoplasten einen Strang von Plasma aus, so fließt das Mesoplasma bald zu perlschnurartig aufgereihten Tröpfchen zusammen, zwischen denen ein Verbindungsstrang von zäher, elastischer Plasmalemma-Substanz bestehen bleibt (PLOWE 1931). Plasmalemma und Tonoplast scheinen demnach wenigstens in diesem Falle deutlich verschieden.

c) Messungen der Grenzflächenspannung der Protoplasten haben ergeben, daß die Spannung viel niedriger ist als etwa an der Grenzfläche Olivenöl/Wasser (Zusammenfassung bei HARVEY 1954). Dies beweist, daß die Protoplastenoberfläche jedenfalls nicht allein aus Lipoiden besteht. Nimmt man hingegen an, daß eine Proteinschicht an den Lipoidfilm adsorbiert ist, so würde dies sowohl die Kleinheit der Oberflächenspannung wie auch die eben erwähnte Elastizität des Plasmalemmas erklären.

d) Resistenz gegenüber chemischen Einflüssen. Studien über das Verhalten der Protoplasten gegenüber Giften, von denen man annehmen darf, daß sie nicht in merklichen Mengen in das Binnenplasma eindringen und daß ihre Giftwirkung somit zunächst allein auf das Plasmalemma beschränkt bleibt, dürften manche Aufschlüsse über die Natur dieser Grenzschicht liefern können. Wie wir sahen (S. 24) ist schon OVERTON auf diesem Wege zu gewissen Schlüssen hinsichtlich der chemischen Zusammensetzung der Plasmahaut gelangt. Doch ist dieser Weg zur Erforschung des Plasmalemmas bis jetzt hauptsächlich nur im Falle der roten Blutkörperchen einigermaßen systematisch ausgenützt worden (vgl. PONDER 1955).

Was uns hier in erster Linie beschäftigen wird, ist jedoch die Frage, welche Aufschlüsse hinsichtlich der Beschaffenheit der Plasmahautlipoide eben durch Permeabilitätsbestimmungen zu erhalten sind. Zu diesem Zweck gilt es die Permeabilitätseigenschaften der Protoplasten systematisch zu erforschen und sie mit den Lösungsvermögen verschiedener nichtwässeriger Lösungsmittel zu vergleichen. Gelingt es dabei, ein solches nichtwässeriges Lösungsmittel (L) zu finden, daß die Verteilungskoeffizienten verschiedener Stoffe im System L/Wasser eine weitgehende positive Korrelation mit den Permeationskonstanten derselben Stoffe lebenden Protoplasten gegenüber ergeben, dürfte man nämlich berechtigt sein anzunehmen, daß das Lösungsmittel L wenigstens in großen Zügen mit den unbekannten Substanzen übereinstimmt, aus denen die osmotisch maßgebenden Teile der Plasmahaut bestehen.

Soweit bekannt (vgl. den Anhang S. 73) sind es hauptsächlich zwei Faktoren, die die Lösungsmitteleigenschaften verschiedener Flüssigkeiten bestimmen, nämlich: 1. der Grad ihrer Hydrophilie bzw. Hydrophobie[2] und 2. der Grad ihrer Azidität bzw. Basizität. Beide Eigenschaften (bzw. Eigenschaftspaare) sind scalare Größen, die in wechselnder Weise miteinander kombiniert vorkommen. Mehr spezifische Faktoren scheinen neben ihnen eine recht geringe Rolle zu spielen.

Schematisch gesprochen, ist die Hydrophilie einer Verbindung um so größer, je mehr hydrophile (= polare) Gruppen (z. B. —OH, —NH$_2$, —COOH, —CONH$_2$, —O— usw.) ihr Molekül enthält und je geringer ihre hydrophoben Anteile (vor allem die Kohlenwasserstoffketten) sind. Dies gilt natürlich ebenso für das Lösungsmittel wie für den gelösten Stoff. Wichtig ist nun der Befund, daß eine gegebene Substanz am reichlichsten in einem Lösungsmittel löslich ist, mit dem sie hinsichtlich ihrer Hydrophilie am nächsten übereinstimmt. In dieser Beziehung gilt somit die alte Regel: *similia similibus solvuntur*.

Die Azidität einer Verbindung wird wiederum durch saure Gruppen (z. B. Carboxyl, Phenolhydroxyl, in geringem Grade auch durch Alkoholhydroxyl) bedingt, die Basizität dagegen u. a. durch die Amino- und die Amidogruppe. Hier gilt nun die Regel, daß G e g e n s ä t z e Affinität zu einander haben: saure Substanzen lösen sich am reichlichsten in basischen Lösungsmitteln, basische in sauren.

Auf Grund von derartigen Feststellungen müßte es möglich sein, das Lösungsvermögen der osmotisch maßgebenden Substanzen der Plasmahäute dadurch zu bestimmen, daß man nach Lösungsmitteln sucht, deren Lösungsvermögen verschiedenen Stoffen gegenüber den Permeationsfähigkeiten dieser Stoffe proportional ist. Ganz systematisch durchgeführte Studien dieser Art gibt es vorläufig kaum, aber zwei diesbezügliche Hauptresultate fangen doch schon an sich abzuzeichnen.

Das eine gilt dem Grad der Hydrophilie bzw. Hydrophobie der Plasmahautlipoide. Im Falle der Internodialzellen von *Chara ceratophylla* herrscht annähernde Proportionalität zwischen dem Permeationsvermögen verschiedener Anelektrolyte und ihrer Verteilung im System Olivenöl/Wasser. Hiernach zu schließen, stimmen die osmotisch maßgebenden Grenzschichten dieser Zellen einigermaßen hinsichtlich ihrer Hydrophobie mit der des Olivenöls überein (Collander und Bärlund 1933). Bei den Internodialzellen von *Nitellopsis obtusa* sind die Permeationskonstanten eher dem Ausdruck $k^{1,15}$, bei *Nitella mucronata* wiederum dem Ausdruck $k^{1,32}$ proportional, wenn der Verteilungskoeffizient Olivenöl/Wasser mit k bezeichnet wird (Collander 1954).

---

[2] Obwohl es eigentlich korrekter wäre, von mangelnder Hydrophilie statt von Hydrophobie zu sprechen, dürfte die Bezeichnung Hydrophobie doch in manchen Zusammenhängen der Bequemlichkeit halber statthaft sein.

Abb. 1, welche die experimentell festgestellten Permeabilitätsunterschiede zwischen *Chara, Nitellopsis* und *Nitella* graphisch illustriert, zeigt auffallende Ähnlichkeit mit Abb. 12, welche die Verteilung verschiedener Substanzen zwischen Wasser und zwei organischen Lösungsmitteln verschiedenen Hydrophobiegrades darstellt. Es dürfte daher kaum allzu gewagt sein, die Permeabilitätsunterschiede zwischen den genannten drei Zellsorten im wesentlichen darauf zurückzuführen, daß der Hydrophobiegrad ihrer Plasmahäute entsprechend abgestuft ist.

Wenn diese Betrachtungsweise richtig ist, wäre aus den Experimenten zu folgern, daß die osmotisch maßgebende Schicht der *Nitella-* und *Nitellopsis-* Protoplasten sogar stärker hydrophob wäre als das bereits recht hydrophobe Olivenöl.

Ein solcher Befund mag unerwartet erscheinen. Er wird aber einigermaßen plausibel, wenn man annimmt, daß die Plasmahaut aus regelmäßig orientierten Molekülen aufgebaut ist, und daß eine bestimmte Schicht in ihr allein oder doch hauptsächlich aus parallel miteinander liegenden Kohlenwasserstoffketten besteht. Dann wird nämlich eben diese Schicht, die fast ebenso hydrophob wie Paraffin sein dürfte, das größte Hindernis für die Permeation hydrophiler Moleküle darstellen und somit in diesem Sinne als „osmotisch maßgebend" zu bezeichnen sein. Andererseits ist es möglich, daß die Plasmahautlipoide bei *Oscillatoria* (ELO 1937)) und *Beggiatoa* (SCHÖNFELDER 1930) wenigstens durchschnittlich einen beträchtlich niedrigeren Grad der Hydrophobie aufweisen. Doch handelt es sich in allen diesen Fällen nur um orientierende Schätzungen, die in der Zukunft genauer präzisiert werden müssen. In bezug auf andere, weniger genau untersuchte Objekte ist vorläufig nur zu sagen, daß sie hinsichtlich des Hydrophobiegrades ihrer Plasmahaut ganz entschieden den Characeen näher als der *Oscillatoria* oder der *Beggiatoa* stehen.

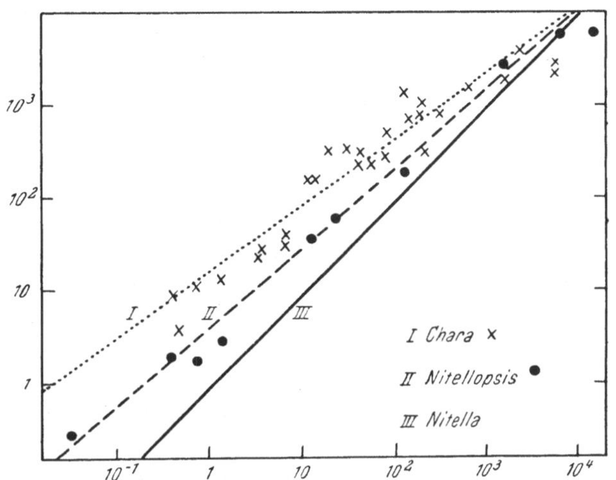

Abb. 1. Permeabilitätskonstanten der Zellen von (I) *Chara ceratophylla* und (II) *Nitellopsis obtusa* bezogen auf die entsprechenden Konstanten der Zellen von *Nitella mucronata* (Linie III) bezogen. Als Testsubstanzen dienten zahlreiche Anelektrolyte verschiedener Lipoidlöslichkeit und verschiedener Molekülgröße. Die Divergenz der Linien I, II und III deutet darauf hin, daß die Hydrophobie der osmotisch maßgebenden Protoplasmaschichten in der Reihenfolge *Chara < Nitellopsis < Nitella* zunimmt.
Nach COLLANDER aus HÖFLER (1958).

Ein anderes Resultat der vergleichenden Permeabilitätsforschung gilt dem Azidität-Basizität- Gegensatz. Es hat sich nämlich gezeigt, daß es bestimmte Zellsorten gibt, die durch eine besonders hohe Permeabilität für die schwach basischen Amide ausgezeichnet sind, während die Amide im

Falle anderer Zellen keine derartig bevorzugte Stellung einnehmen. Es liegt nahe anzunehmen, daß die Plasmahautlipoide der zuerstgenannten („amidophilen") Zellen ausgesprochen sauer sind, wogegen die der zweiten Zellkategorie (der „amidophoben") mehr neutral sein dürften. (Vgl. Wilbrandt 1931, Collander und Bärlund 1933, Marklund 1936.) Die hier angedeuteten Beispiele des Amidophilie-Amidophobie-Gegensatzes beziehen sich alle auf pflanzliche Zellen. Ob auch zwischen tierischen Zellen entsprechende Unterschiede vorkommen, scheint noch nicht entschieden zu sein.

3. Einwände gegen die Lipoidtheorie

Die Lipoidtheorie Overtons verursachte eine Jahrzehnte dauernde lebhafte und oft recht verworrene Diskussion, die zeitweise geradezu als leidenschaftlich bezeichnet werden muß. Eine wichtige Ursache hierzu war die, daß Overton seine Ansichten über die Protoplasmapermeabilität zum überwiegenden Teil in ziemlich summarischer, vortragsmäßiger Form veröffentlichte. Ein geplantes großes Werk, in dem das gesamte Tatsachenmaterial der Öffentlichkeit vorgelegt werden sollte, wurde leider nie vollendet. Eine sachliche Kritik der Fundamente der Lipoidtheorie wurde hierdurch anfangs sehr erschwert. Erst in dem Maße, wie neues Tatsachenmaterial durch die Bemühungen späterer Forscher herbeigeschafft wurde, ist es möglich geworden, auf objektiven Gründen Stellung zu der Lipoidtheorie zu nehmen.

Unter den zahlreichen Einwänden, die im Laufe der Zeiten gegen die Lipoidtheorie erhoben worden sind, dürften die folgenden die wichtigsten sein.

A. Einen ernsten Einwand gegen die Lipoidtheorie würde es bedeuten, wenn nachgewiesen werden könnte, daß auch fast lipoidunlösliche Stoffe schnell permeieren. Diesbezügliche Behauptungen findet man in der Tat sehr oft.

So wurde z. B. — besonders in den ersten Jahrzehnten nach der Veröffentlichung der Lipoidtheorie — häufig darauf hingewiesen, daß ja doch auch viele ausgesprochen lipoidunlösliche Stoffe (Zucker, Aminosäuren, Mineralsalze usw.) von lebenden Zellen benötigt werden und nachweislich von ihnen aufgenommen werden. Der Parallelismus zwischen Permeationsvermögen und Lipoidlöslichkeit sei also bei weitem nicht so ausnahmslos, wie Overton es behauptet hatte. Ein solcher Einwand zeigt, daß die betreffenden Kritiker es übersehen hatten, daß Overton gar nicht die Absicht hatte, mit seiner Lipoidtheorie den gesamten Stoffaustausch zwischen der Zelle und ihrer Umgebung zu erklären. Vielmehr hat er vom Anfang an (siehe z. B. Overton 1896, S. 388 ff.) klar hervorgehoben, daß neben der passiven Permeabilität, auf die die Lipoidtheorie sich bezieht, auch eine aktive Stoffbeförderung vorkommt, die nicht weniger wichtig ist, die aber ganz anderen Gesetzmäßigkeiten unterworfen ist. Jetzt, da die fundamentale Bedeutung des aktiven Stofftransportes seit etwa 15 Jahren allgemein anerkannt ist, kann man sich nur darüber wundern, wie ungemein langsam sich diese Einsicht Bahn gebrochen hat. Mehrere Jahrzehnte hindurch war es hauptsächlich nur Höber, der u. a. in den zahlreichen Auflagen seines

Lehrbuches „Physikalische Chemie der Zelle und der Gewebe" im Anschluß an OVERTON immer wieder auf die große Bedeutung des aktiven Stofftransportes hinwies. (Daß diese Bemühungen HÖBERs keinen besseren Erfolg hatten, lag wohl zum großen Teil daran, daß die aktive Stoffbeförderung in seinen Schriften unter der unglücklich gewählten Bezeichnung „physiologische Permeabilität" figurierte.)

Noch heute wird bisweilen behauptet, daß etwa Glycerin und Harnstoff „praktisch unlöslich" in Lipoiden seien und daß ihre leicht nachweisbare Permeation daher zu der Lipoidtheorie in Widerspruch stehe. Diese Behauptung trifft jedoch nicht zu. Gewiß, die genannten Substanzen sind so wenig lipoidlöslich, daß sie kaum merkbar durch eine Ölschicht makroskopischer Dicke diffundieren. Im Falle der Plasmahäute handelt es sich ja dagegen um Schichten, deren Dicke Bruchteile von 1 μ betragen. In solchen Fällen ist die an sich geringe Lipoidlöslichkeit dieser Substanzen durchaus nicht praktisch bedeutungslos. Vielmehr steht ihre Permeationsgeschwindigkeit meistens ganz im Einklang mit ihrer geringen aber immerhin meßbaren Lipoidlöslichkeit.

Bei weitem mehr Beachtung verdient der Befund, daß Stoffe mit besonders kleinen Molekülen (H_2O, NH_3 usw.) bedeutend schneller permeieren, als zunächst allein auf Grund ihrer Lipoidlöslichkeit zu erwarten wäre. Diese Diskrepanz zwischen Lipoidlöslichkeit und Permeationsvermögen wird uns noch im Abschnitt VII eingehend beschäftigen.

B. Mit großem Nachdruck hat BOGEN (1956 a, 1956 b) in jüngster Zeit betont, daß die Gesamtaufnahme eines Stoffes sich zusammensetzt aus 1. osmotischer (einschließlich metaosmotischer) und 2. nichtosmotischer (= aktiver oder metabolischer) Aufnahme und daß die Berechnung von Permeationskonstanten auf Grund der Gesamtaufnahme daher nicht statthaft ist, sofern nicht gezeigt werden kann, daß die aktive Aufnahme in dem betreffenden Fall unbedeutend gewesen ist. Im Prinzip ist dies natürlich ganz richtig. Bedenklich wird jedoch die Sache, wenn er behauptet, daß wir „bisher noch k e i n e M e t h o d e b e s i t z e n, d i e e s u n s e r l a u b t, d i e o s m o t i s c h e A u f n a h m e d e r A n e l e k t r o l y t e a l l e i n u n d e x a k t z u m e s s e n" (BOGEN 1956 a, S. 243) und hieraus den weiteren Schluß zieht, daß alle bisher bestimmten Permeationswerte um einen unbekannten und vielleicht sogar recht großen Betrag durch das Interferieren nichtosmotischer Aufnahmeprozesse verfälscht sind. So z. B. müssen wir nach seiner Meinung „zugeben, daß die unkorrigierten Chara-Werte (von COLLANDER und BÄRLUND 1933) nur sehr begrenzt Aufschluß geben können über die o s m o t i s c h e Anelektrolytaufnahme" (BOGEN 1956 a, S. 238), während es mit den plasmolytisch bestimmten Permeationswerten kaum viel besser steht.

Es würde zu weit führen, wollten wir hier diese nihilistische Auffassung BOGENS Punkt für Punkt widerlegen. Die folgenden Feststellungen dürften aber genügen: a) Eine aktive Speicherung gelöster Nichtelektrolyte seitens lebender Zellen ist zwar grundsätzlich möglich und in einigen Fällen auch experimentell nachgewiesen. Bisher ist jedoch ein solcher Nachweis nur im Falle ganz weniger Nichtelektrolyte, vor allem einiger Zucker, einwandfrei gelungen. Einen derartigen Aufnahmemodus im Falle beliebiger Nichtelektrolyte anzunehmen, erscheint jedenfalls übereilt. b) Was die Characeen-Zellen betrifft, deren Verhalten sehr zahlreichen Nichtelektrolyten gegenüber quantitativ studiert worden ist, so wurde eine aktive Speicherung von Nichtelektrolyten in ihrem Zellsaft, entgegen der Annahme Bogens bisher nie nachgewiesen (vgl. Collander und Bärlund 1933, S. 17—24). Die von Bazin (1947) beobachtete Speicherung von Cocain und anderen Aminen, die als undissoziierte Basenmoleküle in die Zellen eindringen und dort dem „Ionenfallenprinzip" gemäß gespeichert werden (Kinzel 1954), hat selbstverständlich mit dieser Frage nichts zu tun. c) Würde es sich in den mit Characeen-Zellen ausgeführten Versuchen allein um Stoff a u f n a h m eprozesse handeln, wäre der Gedanke, daß es sich zu einem beträchtlichen Teil um aktiven Stofftransport handle, vielleicht noch einigermaßen begreiflich. Tatsächlich haben aber Collander und Bärlund (1933) an *Chara* die Geschwindigkeit der Stoff a b g a b e mit derjenigen der Stoffaufnahme verglichen und beide gleich groß gefunden. Entsprechende Ergebnisse hatte übrigens schon Bärlund (1929) an plasmolysierten *Rhoeo*-Zellen bekommen. Bei den Untersuchungen von Wartiovaara (1942) an *Nitellopsis* und denjenigen von Collander (1954) an *Nitella* wurde wiederum hauptsächlich eben die Stoffabgabe studiert. Alle diese Prozesse zu einem wesentlichen Teil auf aktiven Stofftransport zurückführen zu wollen, scheint uns höchst gekünstelt. d) Sowohl die Stoffaufnahme wie auch die Stoffabgabe folgte in allen denjenigen Fällen, die z. B. von Bärlund (1929), Collander und Bärlund (1933) oder von Collander (1954) einer näheren Analyse unterworfen wurden, innerhalb der jeweiligen Fehlergrenzen der für einen Diffusionsprozeß zu erwartenden Kurve. e) Höfler und Url (1957) haben die Vorstellungen Bogens von dem „nichtosmotischen" Wasser und dessen angeblicher Rolle bei plasmolytischen Permeabilitätsbestimmungen einer kritischen Nachprüfung unterzogen. Sie gelangten dabei zu dem wohlbegründeten Schluß, daß die Befunde, denen zuliebe diese Annahmen gemacht wurden, auch anders und einfacher gedeutet werden können.

Es scheint uns daher, daß der in Rede stehende Einwand Bogens nicht sehr schwer wiegt. Eine ganz andere Sache ist es, daß die Berechnung von Permeationskonstanten etwa für Zucker oder für Ionen sehr leicht zu gänzlich irreführenden Werten führen kann, sofern die Gesamtaufnahme dabei einfach gleich der Permeation gesetzt wird.

C. Die obigen Einwände betrafen, wie ersichtlich, das empirische Beobachtungsmaterial, worauf die Lipoidtheorie sich stützt. Andererseits gibt es auch Versuche, das vorliegende Tatsachenmaterial anders zu deuten, als Overton es tat. So hat man z. B. bisweilen, besonders vor ein paar Jahrzehnten, die Möglichkeit erwogen, die selektive Permeabilität der Plasmahäute sei nicht durch Lipoide bedingt, sondern durch irgendwelche andere hydrophobe Stoffe. Dies ist eine Denkmöglichkeit, die vielleicht nicht kurzerhand abgewiesen werden kann. Doch sprechen, wie wir bereits gesehen haben, zahlreiche Tatsachen entschieden dafür, daß die betreffenden Bestandteile der Plasmahäute unter dem recht dehnbaren Begriff der Lipoide, einschließlich der Lipoproteide, einzuordnen sind.

D. Von ULLRICH (1948) ist darauf hingewiesen worden, daß, wenn die Plasmahäute etwa monomolekular sind, von einer echten Löslichkeit in den Plasmahautlipoiden eigentlich keine Rede sein kann. Echte Lösungsvorgänge würden vielmehr voraussetzen, daß das Medium dreidimensionale Ausdehnung und zumindest statistisch isotrope Struktur besitzt.

BOGEN (1950, 1956 c) führt diesen Gedankengang weiter aus. Das, worauf es hier eigentlich ankommt, ist, meint er, das Spiel der zwischenmolekularen Kräfte (VAN DER WAALSsche Kräfte, Kohäsionskräfte, Wasserstoffbindungen usw.) zwischen den Molekülen der permeierenden Stoffe, der Plasmahautsubstanzen und auch des wässerigen Mediums. „Nun sind aber die zwischenmolekularen Kräfte (ZMK) nicht nur um so stärker, je größer das Molekül ist, sondern auch, je mehr hydrophile Gruppen es enthält, während der Energieinhalt hydrophober Gruppen geringer ist. Daraus erklärt sich die stärkere Hemmung der hydrophilen Stoffe bei der Aufnahme gegenüber den hydrophoben bzw. die relative Förderung hydrophober („lipoidlöslicher") Stoffe. Des weiteren wirken sich die geringeren ZMK lipoidlöslicher Stoffe in höheren Verteilungskoeffizienten und gesteigerter Adsorbierbarkeit aus. Die scheinbare Abhängigkeit der Permeationskonstanten vom Verteilungskoeffizienten K spiegelt also nur die Abhängigkeit vom Energiegehalt, von den ZMK wider; der experimentell bestimmte Verteilungskoeffizient darf nur stellvertretend für eine theoretische Größe verwendet werden (Ausmaß und Anordnung der ZMK) und beweist durchaus nicht die Mitwirkung von Lösungsvorgängen bei der Permeation." (BOGEN 1956 c, S. 245.)

Diese Einwände ULLRICHS und BOGENS enthalten zweifellos vieles, was an sich ganz richtig ist. Eine mono- oder bimolekulare Schicht ist eben ein so eigenartiges Gebilde, daß wir gar nicht erwarten können, daß alle Gesetze der dreidimensionalen Welt in ihm strenge Gültigkeit hätten. Will man sich möglichst vorsichtig und einwandfrei ausdrücken, wird man also vielleicht den Ausdruck vermeiden, daß die permeierenden Stoffe sich in der Plasmahautsubstanz lösen. Nur fragt es sich, unter welchen Umständen ein solcher Rigorismus der Ausdrucksweise wirklich geboten ist. Persönlich sind wir der Ansicht, daß es in vielen Zusammenhängen nicht nur statthaft, sondern — der größeren Anschaulichkeit halber — sogar empfehlenswert sein dürfte, von Löslichkeit in der Plasmahautsubstanz zu sprechen. Unter allen Umständen läßt sich, wie BOGEN (1956 c, S. 447) sehr mit Recht schreibt, „der Permeationsvorgang in erster Annäherung auch als ein Lösungsvorgang beschreiben". Vgl. S. 65.

E. SCHÖNFELDER (1930) u. a. haben darauf aufmerksam gemacht, daß lipoidlösliche organische Verbindungen in der Regel auch grenzflächenaktiv sind. Es sei daher willkürlich, die bevorzugte Permeation dieser Verbindungen auf ihre Lipoidlöslichkeit zurückzuführen: ihre Adsorbierbarkeit erkläre ihr Permeationsvermögen ebensogut oder sogar noch besser. Dieser Einwand wird im Abschnitt X behandelt.

F. Es gibt einige ganz spezielle Zelltypen — *Beggiatoa, Oscillatoria,* vielleicht auch die Diatomeen —, deren Permeabilitätseigenschaften mit den

Forderungen der reinen Lipoidtheorie unvereinbar erscheinen. Von ihnen wird in den Abschnitten VI und VII ausführlich die Rede sein.

Die oben erwähnten Einwände gegen die Lipoidtheorie haben zahlreiche Forscher zu der Auffassung geführt, daß die Overtonsche Lipoidtheorie der Permeabilität nur in mehr oder weniger modifizierter Form aufrechtzuhalten sei. Wir werden in den folgenden Abschnitten noch zu den vorgeschlagenen Modifikationen und Ergänzungen der Lipoidtheorie Stellung zu nehmen haben. Was wir aber glauben, schon hier feststellen zu können, ist dies: die Lipoidtheorie, für so viele Forscher der vergangenen Jahre ein ärgerlicher Stein des Anstoßes, ist in der heutigen Lehre von der Protoplasmapermeabilität ein fester Eckstein, der sich aus ihr nicht mehr wegdenken läßt.

VI. Die Ultrafiltertheorie

Wie wir gesehen haben, gibt es zahlreiche künstliche Membranen, deren begrenzte Durchlässigkeit auf eine Art Siebwirkung zurückzuführen ist (Abschnitt II/2). An sich lag es daher nahe sich zu fragen, ob nicht auch die selektive Permeabilität der lebenden Protoplasten in analoger Weise zu erklären sei.

Bereits M. Traube und Pfeffer haben, wie vorhin erwähnt, derartige Möglichkeiten erwogen. Doch erst viel später hat Ruhland als erster geglaubt, konkrete Beobachtungen zugunsten eines solchen Durchtrittsmechanismus vorlegen zu können.

Bei seinen Studien über die Aufnahme zahlreicher sowohl saurer wie auch basischer Farbstoffe seitens lebender Pflanzenzellen kam Ruhland im Jahre 1912 zu dem Ergebnis, daß die Aufnehmbarkeit derselben „ohne Ausnahme" von dem Dispersitätsgrad des betreffenden kolloidalen oder halbkolloidalen Farbstoffes abhängt: je höher die Dispersität, um so schneller die Aufnahme. Hierbei ist allerdings zu beachten, daß die Aufnahme der sauren Farbstoffe einerseits und die der basischen andererseits an ganz verschiedenartigen Objekten und mit verschiedenartiger Methodik untersucht wurde, so daß die beiden Farbstoffreihen unter sich nicht vergleichbar waren. Die von Ruhland (1912) aus seinen Ergebnissen gezogene Folgerung lautete: „Es handelt sich also hier für die Permeabilität gar nicht um ein L ö s l i c h k e i t s p h ä n o m e n, sondern um einen ausgesprochenen F i l t r a t i o n s - p r o z e ß, oder genauer: die Plasmahaut hat diesen Stoffen gegenüber die Funktion eines U l t r a f i l t e r s." Auch für ungefärbte Kolloide fand Ruhland (1914) denselben Satz bestätigt. Vor einer Ausdehnung dieser an Kolloiden gemachten Erfahrungen auf echte Lösungen warnt er jedoch energisch: „Der ausdrückliche Hinweis darauf, daß dieser Prozeß für zahlreiche molekulardisperse und für iondisperse Stoffe, wie es die Nährsalze und andere organische und anorganische Salze sind, absolut nicht in Frage kommen kann, dürfte uns wohl vor dem groben Mißverständnis bewahren, es handele sich hier um Wiederbelebungsversuche an der alten, längst begrabenen Traubeschen Molekülsiebtheorie. E i n e U l t r a f i l t e r f u n k -

tion schreibe ich der Plasmahaut hier nur den Kolloiden gegenüber zu." (RUHLAND 1912, S. 420.) Sehr mit Recht bemerkte hierzu JOST (1913, S. 33): „Wir müssen gestehen, daß wir nicht einzusehen vermögen, warum die Moleküle und Ionen der Salze nicht auch durch diese Lücken des Protoplasmas wandern sollen, wenn die groben Molekülkomplexe den Durchgang finden."

Die Situation veränderte sich mit einem Schlage, als RUHLAND und HOFFMANN im Jahre 1925 ihre Untersuchungen über die Permeabilität von *Beggiatoa mirabilis* veröffentlichten. Aus ihren Versuchen schien nämlich hervorzugehen, daß die Permeabilität der *Beggiatoa*-Protoplasten gegenüber verschiedenen organischen Verbindungen recht genau dem Molekularvolumen dieser Stoffe antibat ist. (Eine Ausnahme machten hauptsächlich nur die Aminosäuren, die relativ zu langsam, und das Antipyrin, das relativ zu schnell permeierte.) Die Protoplasten dieses eigentümlichen Organismus verhielten sich somit molekulardispersen Lösungen gegenüber fast ganz so, wie von einem Ultrafilter mit sehr feinen, wassergefüllten Poren zu erwarten war. Daß die Permeation eben durch diese Poren stattfindet, bildet den Grundgedanken der neuen Ultrafiltertheorie.

Einige Jahre später zeigte dann SCHÖNFELDER (1930), eine Schülerin RUHLANDS, daß die Antibasie zwischen Molekularvolumen und Permeationsvermögen bei *Beggiatoa* doch nicht so streng ist, wie es auf Grund der ersten Versuche den Anschein hatte. Vielmehr fand sie, daß mehr hydrophobe Stoffe ganz allgemein deutlich schneller permeieren als mehr hydrophile Stoffe entsprechenden Molekularvolumens. Diese Befunde gaben jedoch keinen Anlaß, die Ultrafiltertheorie aufzugeben. Wohl aber deuteten sie nach SCHÖNFELDER darauf hin, daß sich bei der Permeation durch die wassererfüllten Poren der Plasmahaut auch Grenzflächenkräfte bemerkbar machen, die auf den Filtrationsvorgang modifizierend einwirken. Vgl. Abschnitt X.

Die Auffassung, daß wassererfüllte Poren für die Permeabilität von *Beggiatoa* maßgebend sind, erhielt nachträglich eine weitere Stütze durch die Untersuchung von RUHLAND und HEILMANN (1951). Sie fanden nämlich, daß Narkose mit primären Alkoholen der aliphatischen Reihe das Eindringen gelöster Stoffe in die *Beggiatoa*-Zellen hemmt. Diese Hemmung erstreckt sich mit wachsender Länge der Alkoholmoleküle stufenweise auf immer kleinere Moleküle. Die Verfasser schließen, daß die Alkohole an den Porenwänden einen monomolekularen, die Porenwände bürstenartig auskleidenden Film bilden, der den wegsamen Porenquerschnitt entsprechend vermindert.

Über die Anwendbarkeit der Ultrafiltertheorie zur Erklärung der Permeabilitätseigenschaften anderer Objekte als *Beggiatoa* äußerten sich RUHLAND und HOFFMANN (1925) recht zurückhaltend. Sie rechneten mit der Möglichkeit, daß auch „andersartige, noch unbekannte Beziehungen der Stoffe zu den Poren des Plasmagels oder besondere, nach den Außenbedingungen wechselnde physiologische Dispositionen die zugrunde liegenden Gesetzmäßigkeiten" verdecken mögen, so daß der praktische Wert der Ultrafiltertheorie für diese Objekte nur gering zu nennen sei. Die Ultrafiltertheorie würde dann „gleichsam nur den großen Grundrahmen abgeben, innerhalb dessen noch sehr weiter Raum wäre für das Spiel jener physiologischen Dispositionen und möglicherweise auch noch mancher physikalischen und chemischen Besonderheit des Plasmas sowohl wie der Stoffe". (Ruhland und Hoffmann 1925, S. 80.)

Die seither verflossenen Jahre haben die Notwendigkeit dieser einschränkenden Reservationen vollauf erwiesen. Etwaige Versuche, die Permeabilität anderer Zellen gemäß der Ultrafiltertheorie zu erklären, zeigen nämlich, daß man im allgemeinen nicht daran denken kann, dem Molekularvolumen eine entscheidende Rolle in dieser Beziehung zuzuschreiben. So ist es z. B. eine ganz allgemeine Erfahrung, daß kleine Moleküle wie Harnstoff oder Glycerin nur sehr langsam durch das Protoplasma permeieren, während andererseits sehr große Moleküle (Farbbasen, Alkaloide) sehr schnell dieselben Protoplasten durchdringen. In dieser Beziehung besteht eben ein höchst auffallender Gegensatz zwischen solchen künstlichen Membranen wie etwa den Kupferferrocyanid- oder Kollodiummembranen einerseits und der überwältigenden Mehrzahl der lebenden Protoplasten andererseits.

Unter solchen Umständen muß man wohl feststellen, daß *Beggiatoa mirabilis* hinsichtlich ihrer Permeabilitätseigenschaften eine scharf ausgeprägte Sonderstellung als unerreichtes Schulbeispiel der Ultrafiltertheorie einnimmt.

Die Sonderstellung von *Beggiatoa* zeigt sich auch darin, daß der osmotische Wert ihrer Zellen ganz erstaunlich niedrig liegt: entspricht er doch nach Ruhland und Hoffmann dem einer nur 0,00015 molaren Anelektrolytlösung. Die Erklärung hierfür liegt klar auf der Hand: infolge ihrer extrem großen Durchlässigkeit sind diese Protoplasten, wie es scheint, außerstande, nennenswerte Mengen an gelösten Stoffen in ihrem Zellsaft zu speichern.

Unter den bisher hinsichtlich ihrer Permeabilität untersuchten pflanzlichen und tierischen Zellen gibt es wohl nur ein Objekt, das sich deutlich an *Beggiatoa* anschließt. Es ist dies die von Elo (1937) untersuchte Blaualge *Oscillatoria* (vgl. Pernauer 1958). Allerdings sind ihre Durchlässigkeitseigenschaften nicht so extrem wie die von *Beggiatoa*. Erstens ist nämlich die relative Permeationsförderung der hydrophoben Stoffe bei *Oscillatoria* so ausgeprägt, daß dieser Organismus eher dem Lipoidfiltertypus (siehe den nächsten Abschnitt!) als dem reinen Ultrafiltertypus zuzuzählen ist. Außerdem ist ihre Allgemeindurchlässigkeit, obwohl ungewöhnlich groß, doch nicht so groß wie die von *Beggiatoa*. So permeieren z. B. nach den Schätzungen von Elo Glycerin etwa 4mal, Erythrit 60—90mal und die Zucker sogar etwa 1000mal langsamer bei *Oscillatoria*. Trotzdem scheint es, als ob auch ihr die Speicherung von gelösten Stoffen Schwierigkeiten bereiten würde, denn nach Drawert (1949) soll ihr Turgor hauptsächlich dem Quellungsdruck irgendwelcher Kolloide zuzuschreiben sein. Übrigens dürfte die zellphysiologische Übereinstimmung zwischen *Beggiatoa* und *Oscillatoria* kein bloßer Zufall sein. Vielmehr dürften sie auch taxonomisch einander recht nahe stehen, indem *Beggiatoa* wahrscheinlich als eine apochlorotisch gewordene Oscillatoriacee aufzufassen ist.

Von *Beggiatoa,* und auch von *Oscillatoria,* zu den „gewöhnlichen" pflanzlichen und tierischen Protoplasten besteht hinsichtlich der Permeabilität ein weiter Schritt. Im Falle der großen Mehrzahl der Protoplasten fragt es sich somit nur, ob das Ultrafilterprinzip bei ihnen, neben dem auffälligen Einfluß des Hydrophilie-Hydrophobie-Gegensatzes, doch auch eine gewisse Rolle spielt. Diese Frage wird uns u. a. im nächsten Abschnitt beschäftigen.

VII. Die Lipoidfiltertheorie

Die Lipoidtheorie OVERTONS und die Ultrafiltertheorie RUHLANDS wurden anfangs als zwei einander absolut ausschließende Gegensätze aufgefaßt. Doch, sehr bald wurde der Versuch unternommen, sie miteinander zu einer einheitlichen Permeabilitätstheorie zu verschmelzen (COLLANDER 1925; COLLANDER und BÄRLUND 1926, 1933).

Den Ausgangspunkt für diesen Versuch bildete die Beobachtung, daß bei Zellobjekten, deren Permeabilität in erster Linie von dem Lipoidlöslichkeitsprinzip beherrscht ist, doch auch die Größe der permeierenden Moleküle insofern eine recht auffallende Rolle spielt, als die allerkleinsten Moleküle bedeutend schneller permeieren, als allein auf Grund ihrer Lipoidlöslichkeit zu erwarten wäre.

Unter diesen „abnorm schnell" permeierenden Stoffen ist an erster Stelle das Wasser zu nennen. Bereits OVERTON hatte auf das unerwartet große Permeationsvermögen des Wassers aufmerksam gemacht. Als Erklärung hierfür führt er an, „daß verschiedene Ester, Gemische von Cholesterin mit anderen fettartigen Körpern u. dgl. bedeutende Wassermengen aufzunehmen vermögen" (OVERTON 1899, S. 111). Wirklich überzeugend ist diese Erklärung jedoch nicht, denn unter allen Umständen bleibt die unwiderlegbare und vom Standpunkt der Lipoidtheorie zunächst befremdende Tatsache bestehen, daß das Wasser viel schneller permeiert als Stoffe, deren Verteilungskoeffizient Lipoid/Wasser etwa gleich groß ist, deren Moleküle aber größer als die des Wassers sind. So ist der Verteilungskoeffizient des Wassers etwa im System Olivenöl/Wasser ungefähr gleich groß wie der des oft mehrere hundertmal langsamer permierenden Äthylenglykols. Merkwürdig ist auch die Tatsache, daß obwohl die relative Lipoidlöslichkeit in der quasi-homologen Reihe Wasser-Methanol-Äthanol von links nach rechts kräftig ansteigt, das Permeationsvermögen dessenungeachtet etwa annähernd konstant bleibt oder von links nach rechts sogar abnimmt (WARTIOVAARA 1949). Es liegt zweifellos nahe, hierin eine Auswirkung der abgestuften Molekülgrößen zu sehen. (Die Molekulargewichte der genannten drei Verbindungen sind 18, 32 und 46.) Erst das nächstfolgende Glied der Reihe, das Propanol (M = 60), permeiert mit einer Geschwindigkeit, die in Anbetracht seiner Lipoidlöslichkeit etwa als „normal" zu bezeichnen ist.

Ähnlich liegen die Verhältnisse innerhalb der homologen Reihe der Fettsäureamide (COLLANDER 1949 b; URL 1952). Hier nimmt das Permeationsvermögen mit zunehmender Länge der Kohlenstoffkette regelmäßig zu, nur das erste Glied der Reihe, das Formamid, macht eine Ausnahme, indem es

deutlich schneller als Acetamid, und zwar etwa gleich schnell wie Propion-
amid permeiert. (Die Molekulargewichte der drei ersten Fettsäureamide
sind: 45, 59 und 73.) Entsprechendes fanden auch Poijärvi (1928) und Äyräpää (1950), als sie das Permeationsvermögen des Ammoniaks mit dem der
Alkylamine verglichen: Ammoniak (M = 17) permeierte trotz geringerer
Lipoidlöslichkeit schneller als sowohl Methylamin (M = 31) wie auch Tri-
methylamin (M = 59), wogegen Amine mit noch längeren Kohlenstoffketten
wieder schneller permeierten.

Man bekommt somit den Eindruck, daß Stoffe, deren Molekulargewicht
unterhalb etwa 50—60 liegt, ein größeres Permeationsvermögen aufweisen,
als auf Grund ihrer Lipoidlöslichkeit zu erwarten wäre, wogegen oberhalb
der genannten Grenze die bereits von Overton aufgestellte Regel gilt, daß
das Permeationsvermögen innerhalb der homologen Reihen mit wachsender
Länge der Kohlenstoffkette zunimmt. Einen interessanten Grenzfall repräsentiert in dieser Hinsicht der Harnstoff (M = 60) verglichen mit seinen
höheren Homologen (Collander und Wikström 1949). Während nämlich
Äthylharnstoff (M = 88) in allen bisher untersuchten Fällen deutlich schneller als Methylharnstoff (M = 74) und dieser m e i s t e n s den Harnstoff an
Permeationsvermögen übertrifft, so gibt es doch auch, wie zuerst von Höfler
und Stiegler (1926) nachgewiesen wurde, viele Zellsorten, die für Harnstoff
ganz beträchtlich durchlässiger sind als für Methylharnstoff.

Von Collander und seinen Mitarbeitern wurden diese Befunde in folgender Weise interpretiert. Der beobachtete sehr weitgehende Parallelismus
zwischen der relativen Öllöslichkeit verschiedener Substanzen einerseits
und ihrem Permeationsvermögen andererseits deutet darauf hin, daß die
Plasmahäute, der Overtonschen Lipoidhypothese gemäß, Lipoide enthalten,
die als Lösungsmittel in großen Zügen mit dem Olivenöl übereinstimmen.
„Gerade in diesen Plasmahautlipoiden gelöst, würden die mittelgroßen und
großen Moleküle durch die Plasmahaut zu passieren haben, wogegen den
kleinsten Molekülen außerdem noch ein anderer Weg — und zwar zwischen
den Lipoidteilchen — offen stände. Die Plasmahaut würde hiernach gleichzeitig als ein auswählendes Lösungsmittel und auch als Ultrafilter wirksam
sein." Um diese doppelte Wirkung der Plasmahäute zu kennzeichnen,
wurde für diese Anschauung die Benennung Lipoidfiltertheorie vorgeschlagen
(Poijärvi 1928).

Die Lipoidfiltertheorie schien zunächst eine recht befriedigende Erklärung der Permeabilitätseigenschaften der Protoplasten geben zu können,
indem sie die Vorteile der beiden einseitigeren Theorien in sich vereinigt,
ohne mit deren Schwächen behaftet zu sein. [3] So steht z. B. nach dieser Anschauung die Vollkommenheit des erzielbaren Abschlusses in keinem Widerspruch mehr mit der hohen Wasserpermeabilität der Protoplasten. Außer-

---

[3] Wenn man so will, kann man die Lipoidfiltertheorie als eine Art präzisieren-
der Auslegung der Overtonschen Lipoidtheorie auffassen, denn die Ausdrucksweise
Overtons, wonach die Plasmahäute mit Lipoiden i m p r ä g n i e r t seien, scheint
ja anzudeuten, daß die Plasmahaut eine mikroheterogene Struktur besitzt, die sehr
wohl eine gewisse Ultrafilter- oder Molekülsiebwirkung bedingen könnte.

dem scheint die Lipoidfiltertheorie eine sehr geeignete Grundlage abzu-
geben, um die empirisch gefundenen Unterschiede zwischen den verschiedenen Permeabilitätstypen kausal zu erklären (COLLANDER 1937, HÖFLER
1942, 1958). Die Annahme zweier getrennter Permeationswege läßt nämlich
eine große Variationsamplitude der Permeabilitätseigenschaften durchaus
verständlich erscheinen, indem sich sowohl die chemische Zusammensetzung
der Plasmahautlipoide wie auch das Ausmaß und die Dichte der „Poren"
den jeweils festgestellten Permeabilitätseigenschaften gedanklich anpassen
lassen.

Als Beispiel für die Möglichkeiten, die die Lipoidfiltertheorie in dieser
Hinsicht bietet, sei ein von HÖFLER (1950, 1958) entworfenes Schema der bisher bei pflanzlichen Protoplasten festgestellten 5 Permeabilitätstypen
angeführt. Die betreffenden Typen sind: 1. Der N o r m a l t y p, auch
Nitella-Majanthemum-Typ genannt, zu dem die große Mehrzahl der bisher
hinsichtlich ihrer Permeabilität untersuchten pflanzlichen Protoplasten gehören. 2. Der *Gentiana Sturmiana*-Typ, der durch seine extrem große
Durchlässigkeit für Harnstoff ausgezeichnet ist, was auf das Vorkommen
besonders zahlreicher eben für Harnstoffmoleküle wegsamer Plasmahautporen hindeutet. 3. Der *Rhoeo*-Typ oder amidophobe Typ, charakterisiert durch seine verhältnismäßig geringe Durchlässigkeit für Amide. Plasmahautlipoide also vermutlich weniger sauer als bei den meisten übrigen
Zelltypen. 4. Der *Diatomeen*-Typ, durch seine ungewöhnlich große Permeabilität für Zucker und andere relativ hochmolekulare und dabei sehr
wenig lipoidlösliche Verbindungen charakterisiert. Die Plasmahautlipoide
daher vielleicht ungewöhnlich hydrophil oder mit wenigen aber sehr weiten
Poren ausgestattet. 5. Der *Beggiatoa*-Typ, bei dem die Ultrafilterwirkung
besonders deutlich zum Vorschein kommt. Permeation durch wassererfüllte
Poren daher höchst wahrscheinlich.

BOGEN (1956 b) hat zwar die Realität dieser Permeabilitätstypen in Frage
gestellt, doch will es uns scheinen, daß er hier mit seiner Kritik weit über
das Ziel hinausschießt (vgl. HÖFLER und URL 1958, HÖFLER 1958). Höchstens
noch kann vielleicht die Deutung des eigenartigen osmotischen Verhaltens
der Diatomeen einigem Zweifel unterworfen sein (FOLLMANN 1958).

Inwieweit bei tierischen Protoplasten entsprechende — oder vielleicht
andere — Permeabilitätstypen vorkommen, ist auf Grund der vorliegenden
Literatur nicht ganz leicht zu entscheiden. Vgl. z. B. OVERTON (1902), MOND
und HOFFMANN (1928), STEWART und JACOBS (1936), JACOBS (1953), WILBRANDT
und Mitarb. (1955), BURGEN (1956).

Im allgemeinen sehen wohl die Anhänger der Lipoidfiltertheorie die
Lipoidlöslichkeit als denjenigen Faktor an, von dem das Permeationsvermögen in erster Linie abhängt, während die Molekülgröße eher als ein
Faktor zweiten Ranges aufgefaßt wird. BOGEN (1956 b, S. 236) meint jedoch,
daß sich die Sache umgekehrt verhält. Teilweise ist dies wohl eine Ge-
schmackssache. Zugunsten der Lipoidlöslichkeit als Hauptfaktor spricht jedoch folgendes: Zeichnet man etwa ein Diagramm, das die Beziehungen
zwischen Molekülgröße und Permeationsvermögen darstellt, so bekommt
man eine sehr starke, unregelmäßige Streuung der Punkte, während ein

Diagramm, das die Beziehungen zwischen Lipoidlöslichkeit und Permeationsvermögen illustriert, bedeutend regelmäßiger aussieht (vgl. Collander 1959 b, S. 76). Allerdings, wenn sowohl Molekülgröße wie Lipoidlöslichkeit einer Verbindung berücksichtigt wird, so läßt sich ihr Permeationsvermögen noch viel genauer voraussagen, als wenn nur der eine von diesen Faktoren in Rechnung gestellt wird.

Trotzdem die Lipoidfiltertheorie recht viel Anklang gefunden hat (z. B. Höfler 1958, 1959), hat es doch nicht an Kritik an ihr gefehlt. Im folgenden sollen die wichtigsten gegen sie gerichteten Einwände besprochen werden. (Die Einwände gegen das Mitwirken von Lösungsvorgängen bei der Permeation sind bereits im Abschnitt V/3 behandelt worden und sollen daher hier nicht wiederholt werden.)

A. Danielli (in Davson und Danielli 1943) hat darauf aufmerksam gemacht, daß selbst im Falle einer Diffusion durch eine homogene Lipoidschicht kleinere Moleküle selbstverständlich schneller als größere diffundieren werden. Um zwischen der Homogenität oder Inhomogenität der Plasmahaut zu entscheiden, schlägt er folgendes Verfahren vor: In einem rechtwinkeligen Koordinatensystem trägt man die Größe $P\,M^{1/2}$ (im Falle schnell permeierender Moleküle) oder $P\,M^{1/2}\,e^{2500\,x/RT}$ (im Falle langsamer permeierender Moleküle) als Ordinate und die Verteilungskoeffizienten als Abszisse ein. (In diesen Ausdrücken bedeutet P die Permeationskonstante, M das Molekulargewicht, e die Basis der natürlichen Logarithmen, R die Gaskonstante und T die absolute Temperatur, während x die Anzahl der nichtpolaren Gruppen je Molekül angibt.) „Then, for a homogenous lipoid layer, the points should lie between two lines distant by a factor of 5 from the average line." Danielli veröffentlichte Diagramme, die in dieser Weise auf Grund der Versuchsdaten von Collander und Bärlund an *Chara ceratophylla* konstruiert waren, und folgerte aus ihnen, daß „within the range of molecular species studied, molecular volume is not a factor affecting the rate of penetration". Es scheint jedoch, daß die Überlegungen, auf die sich seine Berechnungen gründen, vielleicht nicht ganz unanfechtbar sind. Außerdem waren ihm bei der Konstruktion seines Diagramms gewisse Fehler unterlaufen. Richtig konstruiert dürfte ein derartiges Diagramm eher für als gegen eine gewisse Inhomogenität der betreffenden Plasmahäute sprechen (Collander 1949).

B. Hätten die permeierenden Moleküle zwischen alternativen Wegen, dem „Lipoidweg" und dem „Porenweg" zu wählen, so wäre die Gesamtpermeation offenbar gleich der Summe von Lipoidpermeation und Porenpermeation. Wartiovaara (1950) hat darauf aufmerksam gemacht, daß in diesem Falle die Porenpermeation sich relativ um so weniger bemerkbar machen müßte, je größer die Lipoidpermeation, d. h. je größer die Lipoidlöslichkeit der permeierenden Substanz wäre. Tatsächlich ist dies jedoch nicht der Fall: die Beschleunigung der Permeation bei abnehmender Molekülgröße macht sich vielmehr etwa ebenso stark bemerkbar bei den verhältnismäßig stark lipoidlöslichen einwertigen Alkoholen wie bei den weniger lipoidlöslichen Säureamiden. Wartiovaara zieht hieraus den Schluß, daß in der geläufigen Vorstellung von einer besonderen Porenpermeabilität irgendein Fehler stecken muß.

C. Wartiovaara (1949) fand, daß sich die „Ultrafilterwirkung" etwa in der homologen Reihe der einwertigen Alkohole nicht nur auf die allerersten Glieder der Reihe erstreckt, sondern wenigstens bis zum vierten Glied bemerkbar ist, und zwar als eine nichtlinear abnehmende Funktion der Molekülgröße. Er schließt aus diesem Befund, daß die Lipoidschicht einheitlich ist. Außerdem vermutet er, daß die Ultrafilterwirkung wenig mit der Molekülgröße an sich zu tun hat, sondern von der mit zunehmender Länge der Kohlenstoffkette erschwerten Orientierung der permeierenden Moleküle herrührt.

D. Der Temperaturkoeffizient (Q_{10}) der Permeation besitzt auffallend hohe Werte, die gewöhnlich etwa zwischen 2 und 5 liegen (vgl. Wartiovaara 1956). Andererseits ist bekannt, daß der Temperaturkoeffizient der Hydrodiffusion nur etwa 1,2—1,3 beträgt. Dies deutet, wie Danielli und Davson (1935) und Wartiovaara (1942) betont haben, entschieden darauf hin, daß der Permeationsvorgang keine Diffusion durch wassergefüllte Poren darstellt — nicht einmal im Falle stark hydrophiler Stoffe, von denen man annehmen muß, daß sie einen etwa vorhandenen „Wasserweg" benutzen würden.

Es sind also mehrere schwerwiegende Argumente (besonders B und D) vorgebracht worden gegen das Vorkommen in den Plasmahäuten von permanenten, wassererfüllten Poren, durch die genügend niedermolekulare Substanzen „unter Umgehung der Lipoidphase" permeieren könnten. In solchen Vorstellungen sehen wir daher am ehesten Überbleibsel aus Zeiten, in denen man sich die Plasmahäute zu sehr als entsprechend verminderte Projektionen mikroskopischer oder gar makroskopischer Strukturen vorstellte. An derartigen Vorstellungen noch heute festzuhalten, erscheint uns um so weniger motiviert, als permanente, wassererfüllte Poren kaum nötig sind, um eine gewisse, wenigstens scheinbare Ultrafilter- oder Molekülsiebfunktion der Plasmahäute zu erklären.

Bedeutet dies nun, daß die Lipoidfiltertheorie fallen gelassen werden muß? Die Antwort auf diese Frage hängt davon ab, was man als den wesentlichen Inhalt dieser Theorie ansieht. Ihr Fundament besteht in der Feststellung, daß das Permeationsvermögen verschiedener Stoffe in erster Linie von ihrer Lipoidlöslichkeit abhängt, daß aber sehr kleinmolekulare Substanzen viel schneller permeieren, als allein auf Grund ihrer Löslichkeitseigenschaften zu erwarten wäre, falls die Permeation mit der Diffusion in einem homogenen, isotropen Medium übereinstimmen würde. Gegen diesen Ausgangspunkt sind triftige Einwände u. E. nicht erhoben worden. Eine ganz andere Frage ist jedoch die, wie dieser Befund zu erklären ist. Gerade in der Hinsicht scheint uns die Lipoidfiltertheorie in ihrer ursprünglichen Form überholt zu sein.

Obige Auseinandersetzungen beziehen sich auf Protoplasten von „normalem" Typ. Daß bei *Beggiatoa* und womöglich auch bei vereinzelten anderen Objekten wassererfüllte Poren in der Plasmahaut vorkommen können, soll dagegen nicht bestritten werden.

VIII. Die Haftdrucktheorie

Isidor Traube hat in zahlreichen Veröffentlichungen (z. B. 1904, 1913, 1924) die Idee proklamiert, daß die Geschwindigkeit, mit der ein gelöster Stoff durch eine lebende oder leblose Membran permeiert, von seinem „Haftdruck" zu der Membransubstanz und zu den Lösungsmitteln beiderseits der Membran abhängt. Leider gelang es ihm jedoch wohl nie ganz klar auszusprechen, was er unter dem von ihm geschaffenen Begriff des „Haftdruckes" verstand. Daher kam es, daß die Haftdrucktheorie seit langem meistens nur noch als ein geschichtliches Kuriosum behandelt wurde. Wenn man jedoch den Traubeschen Haftdruck etwa als eine Auswirkung der zwischenmolekularen Kräfte auffaßt, kann seine Theorie vielleicht noch heute auf eine gewisse Aktualität Anspruch erheben. Vgl. die Abschnitte X und XIII.

IX. Die Mosaiktheorie

Nathansohn (1904, 1910) wies darauf hin, daß die Annahme einer allein aus Lipoiden bestehenden Plasmahaut die regulierbare Aufnahme vieler lipoidunlöslicher Stoffe — vor allen der Mineralsalze — nicht erklären kann. Man müsse sich daher vorstellen, daß in der Plasmahaut zwei Elemente mosaikartig vertreten sind: einmal Lipoidteilchen, die die konstante, große Durchlässigkeit für fettlösliche Stoffe bewirken, und andererseits lebende, regulatorisch veränderliche, aus Proteinen bestehende Elemente, die für den Durchtritt der Salze, des Wassers sowie der anderen lipoidunlöslichen Stoffe maßgebend sind.

Gegen diese Anschauung läßt sich natürlich einwenden, daß sie reichlich spekulativ ist. Vor allem die Struktur und Funktion der angenommenen „lebenden" Elemente der Plasmahaut blieben zunächst völlig unklar. So ist es verständlich, daß die Mosaiktheorie die Erforschung der Protoplasmapermeabilität nicht sehr gefördert hat. Trotzdem kann man sagen, daß in den Anschauungen Nathansohns ein durchaus gesunder Kern steckt. Denn auch heute nehmen wir ja an, daß die Plasmahaut neben lipoiden Bestandteilen, die die passive Durchlässigkeit bedingen, allerhand Enzyme, „carriers" u. dgl. enthält, die den aktiven Transport von mehr oder weniger lipoidunlöslichen Stoffen möglich machen.

X. Die Adsorptionstheorie

Schönfelder (1930) fand, wie im Abschnitt VI erwähnt, daß bei *Beggiatoa* keine ausnahmslose Antibasie zwischen Molekularvolumen und Permeationsvermögen besteht, sondern daß lipoidlösliche Stoffe auch bei diesem Objekt deutlich schneller permeieren, als zu erwarten wäre, wenn das Permeationsvermögen allein von der Molekülgröße abhinge. Als Erklärung hierfür wies sie auf die Ausführungen Pfeffers (1877) hin, nach denen bei der Diffusion gelöster Stoffe durch die wassererfüllten Interstitien einer Membran nicht der gesamte Porenquerschnitt allen Stoffen zugänglich ist. Vielmehr sei einigen Stoffen nur der mittlere Teil der Pore zugänglich, nämlich derjenige Teil, der außerhalb der Wirkungssphäre der von der Wandung ausgehenden Molekularkräfte liegt, während solchen Substanzen, die positiv oder jedenfalls nicht negativ von der Porenwandung adsorbiert werden, der ganze Porenquerschnitt zur Verfügung steht. Da nun lipoidlösliche Verbindungen in der Regel auch grenzflächenaktiv, d. h. positiv adsorbierbar sind, sei es nach der Ansicht SCHÖNFELDERS willkürlich, die bevorzugte Permeation dieser Verbindungen auf ihre Lipoidlöslichkeit zurückzuführen: ihre Adsorbierbarkeit erkläre ihre Permeation ebenso gut oder sogar noch besser.

Bei der Diskussion der eventuellen Rolle der Adsorptionsvorgänge bei der Permeation ist es wichtig, gleich anfangs festzustellen, daß Adsorption und Löslichkeit Auswirkungen derselben zwischenmolekularen Kräfte sind (MEYER und HEMMI 1935). Die Grenze zwischen Adsorptions- und Lösungsphänomenen ist daher an vielen Punkten fließend. Allzu kategorische Entscheidungen zugunsten der einen oder anderen Terminologie sind somit gefährlich, besonders wenn es sich um die Permeation durch paucimolekulare Membranen handelt.

Immerhin will es uns scheinen, daß die Adsorptionstheorie der Permeation in der von SCHÖNFELDER vorgeschlagenen Form wohl hauptsächlich nur dann in Frage kommt, wenn man annimmt, daß die Plasmahaut mit einigermaßen permanenten, wassererfüllten Poren ausgestattet ist, an deren Wandungen die postulierten Adsorptionsvorgänge stattfinden könnten. Unseres Erachtens ist jedoch die Existenz solcher Poren nur in einigen Ausnahmefällen — und zwar besonders eben bei der von SCHÖNFELDER untersuchten *Beggiatoa* — wahrscheinlich. Außerdem findet wohl eine bevorzugte Adsorption von hydrophoben Stoffen nur dann statt, wenn die wässerige Lösung an eine mehr oder weniger hydrophobe Phase grenzt. (Daher kommt es, daß hydrophobe, in gewöhnlichem Sinne grenzflächenaktive Stoffe nicht bei ihrer Permeation etwa durch die hydrophile Kupferferrocyanidmembran bevorzugt werden.) Die Adsorptionstheorie in ihrer von SCHÖNFELDER vorgeschlagenen Form setzt also nicht nur die Existenz von wassererfüllten Poren in der Plasmahaut voraus, sondern auch, daß die Porenwandungen aus irgendeiner hydrophoben Substanz bestehen. Man gelangt somit auf diesem Wege zu Vorstellungen über den Bau der Plasmahaut, die wohl im wesentlichen mit der ursprünglichen Lipoidfiltertheorie übereinstimmen.

Aber auch wenn man annimmt, daß die Plasmahaut eine homogene Lipoidschicht darstellt, scheint es *a priori* nicht ganz undenkbar, daß Adsorptionsvorgänge beim Permeationsprozeß eine Rolle spielen. So nimmt z. B. DANIELLI (1952) an, daß im Falle langsam permeierender Stoffe gerade die Diffusion durch die Phasengrenze Wasser/Lipoid für die Geschwindigkeit des gesamten Permeationsvorganges begrenzend sei, und daß eben dieser Schritt durch Adsorption an die Grenzfläche gefördert werde. Wie im Abschnitt XII näher ausgeführt wird, scheint jedoch die Auffassung von der limitierenden Wirkung der Diffusion durch die Phasengrenze einstweilen recht zweifelhaft. Aber auch wenn sie richtig wäre und wenn der Adsorption die ihr von DANIELLI zugeschriebene Rolle zukäme, so würde es sich hier bloß um eine gewiße Modifikation der Lipoidlöslichkeitstheorie handeln, dagegen kaum um eine besondere Adsorptionstheorie der Permeation.

Übrigens ist ein ziemlich direkter Weg zur Erforschung der eventuellen Rolle der Adsorption bei den Permeationsvorgängen gangbar. Wie u. a. Meyer und Hemmi (1935) betont haben, ist nämlich die Symbasie zwischen Lipoidlöslichkeit und Grenzflächenaktivität (Adsorbierbarkeit) bei weitem nicht ausnahmslos. Die Grenzflächenaktivität setzt nämlich voraus, daß sowohl hydrophile wie hydrophobe Bezirke in demselben Molekül vorhanden sind. So kommt es, daß es Stoffe genug gibt (z. B. Seifen und andere Netzmittel), die trotz stärkster Grenzflächenaktivität nicht oder kaum lipoidlöslich sind, während umgekehrt z. B. Kohlenwasserstoffe und Halogenwasserstoffe extrem lipoidlöslich aber trotzdem grenzflächeninaktiv sind. Wäre nun die Adsorbierbarkeit für das Permeationsvermögen ausschlaggebend, so würde man erwarten, daß Verbindungen der erstgenannten Art schneller als solche der zuletztgenannten permeieren würden. Tatsächlich verhält es sich jedoch umgekehrt (vgl. z. B. Mirimanoff 1953).

XI. Theorien über die Struktur der Plasmahäute

Die bisher besprochenen Permeabilitätstheorien enthielten in erster Linie Aussagen über das funktionelle Verhalten der Plasmahäute. Über die Plasmahautstruktur haben sich die Urheber dieser Theorien dagegen meistens in recht unbestimmten, vieldeutigen Wendungen geäußert. Andere Forscher haben später versucht, diese Lücken auszufüllen. Hier müssen wir uns jedoch unter Hinweis auf die Abschnitte I 2, II A 2, II E 2 und II E 3 dieses Handbuches mit einigen kurzen, diesbezüglichen Andeutungen begnügen.

Bungenberg de Jong und Mitarbeiter (vgl. Booij und Bungenberg de Jong 1956) haben in einer langen Reihe von Untersuchungen die Meinung vertreten, daß die von ihnen künstlich hergestellten und sehr eingehend studierten, hauptsächlich aus Phosphatiden aufgebauten Doppelfilme (Abb. 2) als recht wirklichkeitstreue Modelle der Plasmahäute anzusehen wären. Außer Phosphatiden würden die Plasmahäute auch Phosphatidsäuren und Protein enthalten. Die Stabilität solcher Filme wird gewährleistet, nicht nur durch die zwischen den apolaren Molekülteilen wirkenden London-van der Waalssche Kräfte, sondern zu einem wesentlichen Teil auch durch starke Coulombsche Attraktionskräfte zwischen den entgegengesetzt geladenen ionisierten Gruppen der Phosphatidmoleküle. Die Permeabilitätseigenschaften solcher artifizieller Membranen scheinen noch nicht systematisch untersucht worden zu sein, aber Bungenberg de Jong und Mitarbeiter meinen, daß ein solcher Film, der am ehesten als ein flüssiger Kristall anzusehen ist, infolge der thermischen Bewegung der ihn zusammensetzenden Moleküle kleinere und größere Lücken entstehen und wieder verschwinden lassen wird. „This point of view enables us to give an explanation of the high temperature coefficients of the permeation of large hydrophilic substances. Smaller and larger holes will be present in between the carbon chains of the lipids. These holes will be distributed according to some statistical curve. Most holes will be too small to let hydrophilic molecules (even the small water molecules) pass. A rise in temperature will cause a stronger thermal agitation and the distribution changes a little. This change is very important in the region of the large holes, in other words here the temperature coefficient is large" (BOOIJ und BUNGENBERG DE JONG 1956, S. 140). Eine solche Membran fungiert somit wie ein „statistisches Filter" besonders gegenüber mehr hydrophilen Stoffen.

Ihre Auffassung von dem Bau der Plasmahäute nennen BOOIJ und BUNGENBERG DE JONG die K o m p l e x t h e o r i e (BOOIJ 1949). Sie betonen, daß diese Theorie eine sehr mannigfache Variation der Permeabilitätseigenschaften voraussehen läßt. So wird z. B. eine größere Zahl der Doppelbindungen in den Kohlenstoffketten der Plasmahautlipoide eine Auflockerung der Membranstruktur und somit größere Durchlässigkeit bewirken. Ebenso wird die Permeabilität größer sein, wenn C-Ketten verschiedener Länge in derselben Plasmahaut vorkommen, als wenn sie aus gleichlangen Molekülen aufgebaut ist. Wechselnde Proportionen zwischen den Hauptbestandteilen, den Phosphatiden und den Sterinen, werden gleichfalls die Permeabilität beeinflussen.

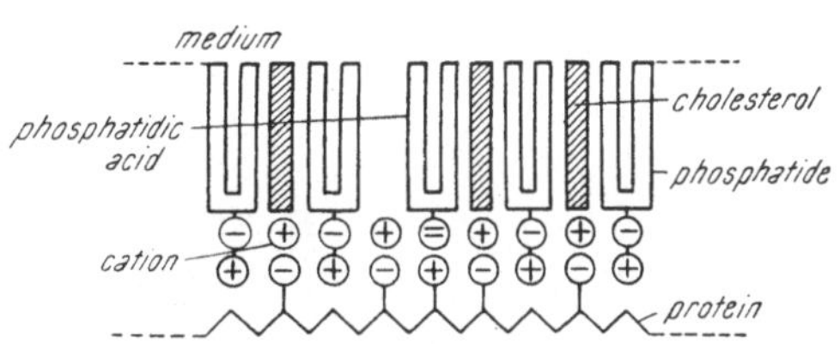

Abb. 2. Bau der Plasmahaut nach BOOIJ und BUNGENBERG DE JONG (1956).

Vielleicht noch wichtiger sind Variationen hinsichtlich der polaren Teile der Membran, in dem sie große Unterschiede hinsichtlich der Lösungseigenschaften bewirken. Wichtig ist auch die Beschaffenheit der Plasmahautproteine, da die Bindungsweise der Lipoidmicellen von ihr abhängt. Großen Wert legen BUNGENBERG DE JONG und BOOIJ auch darauf, daß ihre Theorie die durch verschiedene chemische Faktoren verursachten Permeabilitätsänderungen zwanglos erklären kann.

DANIELLI (1943, 1952, 1954 a, 1954 b) hat gleichfalls in zahlreichen Veröffentlichungen die Stabilität und mutmaßliche Funktion von hypothetischen Plasmahautstrukturen diskutiert. Abb. 3 gibt eine Vorstellung von der von ihm als die wahrscheinlichste angeführte Struktur. Wie ersichtlich, handelt es sich dabei um eine wenigstens bimolekulare, homogene oder annähernd homogene Lipoidschicht, die aus regelmäßig orientierten Molekülen besteht. Diese Schicht isoliert die Protoplasten effektiv gegenüber lipoidunlöslichen Verbindungen, abgesehen davon, daß auch DANIELLI mit dem Auftreten „statistischer Poren" rechnet. An die Lipoidschicht ist wenigstens eine Proteinschicht mit ausgerichteten Polypeptidketten adsorbiert (vgl. ELEY und HEDGE 1956). Diese Proteine spielen eine Rolle als Stabilisatoren der Lipoidschicht, können aber womöglich auch ihre Permeabilität beeinflussen. Eine weitere Spezialität der Strukturtheorie DANIELLIS liegt in der Annahme besonderer aktiver Flecken, die über die Oberfläche des Protoplasten zerstreut liegen, aber nur einen geringen Teil von dessen Gesamtoberfläche ausmachen. Vgl. Abschnitt XVI.

Im Gegensatz zu Bungenberg de Jong und Danielli nimmt Frey-Wyssling(1955) an, „daß die Lipoide nicht als selbständiger Grenzfilm das Plasmalemma abdecken, sondern daß sie intermolekular oder intramolekular zwischen oder in die globularen Proteinmoleküle [die gewißermaßen als das Gerüst des Plasmalemmas betrachtet werden] eingebaut sein müssen, wenn sie deren Denaturierung durch die Wassermoleküle verhindern sollen. Die Abdichtung der zweidimensionalen Kugelpackung durch die Grenzflächenlipoide ist somit nicht nur für die Semipermeabilität des Plasmalemmas,

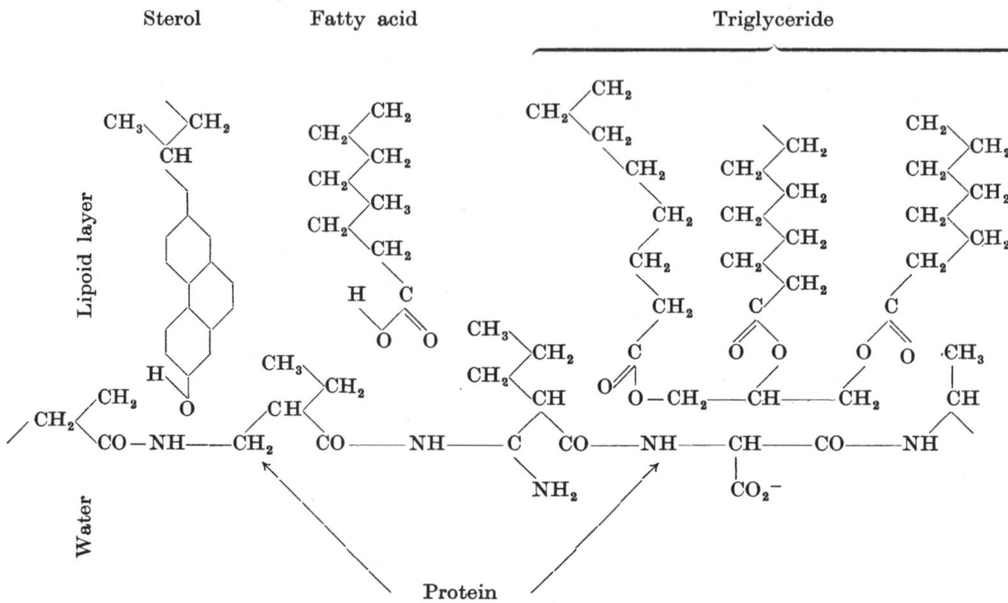

Abb. 3. Bau der Plasmahaut nach Danielli (1952). Dargestellt ist nur die eine Hälfte der Plasmahaut: eine andere, ähnliche Schicht wendet die hydrophilen Molekülenden in die entgegengesetzte Richtung (nach oben). Zwischen den aus regelmäßig orientierten Molekülen bestehenden Schichten befindet sich eventuell dazu noch eine Lipoidschicht, deren Moleküle weniger regelmäßig orientiert sind.

sondern auch für dessen Stabilität von Bedeutung" (Frey-Wyssling 1955, S. 167). Er fügt an, daß das von ihm entworfene Bild der Oberflächenstruktur ein Mosaik darstellt, „das sich indessen von der klassischen Mosaiktheorie dadurch unterscheidet, daß Protein- und Lipoidbezirke makromolekularen Abmessungen entprechen, so daß stöchiometrische Beziehungen zwischen den beiden Komponenten möglich sind, wodurch die Gegenwart definierter Lipoproteide erklärlich würde".

Bereits ein paar Jahre vor Frey-Wyssling hatten Parpart und Ballentine (1952) ein ungefähr ähnliches, aber zum Teil noch mehr detailliertes Bild der Plasmahautstruktur entworfen, und zwar für die roten Blutköperchen. Sie nehmen an, daß die Plasmahaut dieser Zellen aus einem zusammenhängenden Netz („a continuous network") von Proteinmolekülen besteht, dessen Lücken großenteils mit Lipoiden ausgefüllt sind. Diese Lipoide sind, den an Blutkörperchenschatten erhaltenen analytischen Befunden entsprechend, zweierlei Art. Teils handelt es sich nämlich um Phospholipoide, deren Moleküle mit ihren hydrophilen Enden an den Porenwänden fest verankert sind, teils wiederum um andere, mehr locker gebundene Lipoide, die besonders die mehr zentralen Partien der Lücken im Proteinnetz erfüllen. Wenn nun die Plasmahaut bei der Hämolyse gedehnt wird, würden die Poren sich reversibel erweitern, indem die an den Porenwänden verankerten Phospholipoidmoleküle sich scharnierartig drehen, so daß das Hämoglobin herausdiffundieren kann. Im Normalzustande dagegen stände dem Wasser und anderen niedrigmolekularen, hydrophilen Stoffen nur ganz enge Schlüpfwege den Porenwänden entlang zwischen den polaren „Köpfen" der Phospholipoide zur Verfügung. Eine derartige Struktur würde viele Eigenschaften der Blutkörperchen gut erklären, so vor allem das merkwürdige Austreten des Hämoglobins bei der osmotischen Hämolyse ohne definitive Vernichtung der ursprünglichen osmotischen Eigenschaften der Protoplasten. Die Hypothese von PARPART und BALLENTINE scheint jedoch wenigstens teilweise so ausgesprochen eben für die physiologischen Besonderheiten der Erythrocyten zugeschnitten zu sein, daß sie als solche für andere Zellarten kaum in Betracht kommt.

Wie aus der obigen Zusammenstellung hervorgeht, besteht durchaus kein Mangel an hypothetisch möglichen Plasmahautstrukturen, die, falls tatsächlich vorhanden, die empirisch gefundenen Permeabilitätseigenschaften lebender Protoplasten befriedigend erklären könnten. Vor allem dürften all die vorgeschlagenen Strukturen — besonders natürlich die von BUNGENBERG DE JONG und DANIELLI, aber, eine genügend dichte Packung vorausgesetzt, auch die von FREY-WYSSLING — die großen Diffusionswiderstände erklären, die dem Durchtritt von stark hydrophilen Stoffen entgegenstehen, und ebenso die große Durchlässigkeit für lipophile Substanzen. Außerdem aber scheinen sie es alle verständlich zu machen, daß die Plasmahaut zugleich auch eine gewiße Ultrafilterwirkung ausübt. Auch das Vorhandensein verschiedener Permeabilitätstypen erscheint im Lichte dieser Strukturtheorien durchaus einleuchtend.

Die elektronenmikroskopische Untersuchung der Plasmahäute steht noch in ihrem Anfang und vermag somit einstweilen kaum zwischen den verschiedenen diesbezüglichen Hypothesen zu entscheiden (HILLIER und Mitarb. 1953, HOFFMAN 1956, GREENWOOD und Mitarb. 1957, SJÖSTRAND 1957, SITTE 1958).

XII. Die Theorie der aktivierten Permeation

Die Theorie der aktivierten Permeation, oder die Potentialschwellentheorie, wie sie wohl auch genannt werden könnte, stammt von DANIELLI (DANIELLI und DAVSON 1935, DAVSON und DANIELLI 1943, DANIELLI 1952). Sie unterscheidet sich von den früheren Permeabilitätstheorien vor allem darin, daß die Behandlung des Problems bei DANIELLI zum erstenmal ausgesprochen molekülkinetisch ist. Ihm verdankt die Permeabilitätsforschung auch die Einführung der Temperatur als eine sehr beachtenswerte Variable, die berufen sein dürfte, bei der theoretischen Deutung der Permeationsprozesse eine zentrale Rolle zu spielen. In der Tat war es wohl eben das Suchen nach einer plausiblen Erklärung für die auffallend große Temperaturabhängigkeit der Permeation, das ihm den Anlaß zur Aufstellung seiner Theorie gab.

Eine Erhöhung der Temperatur um 10^0 C verursacht im allgemeinen eine Beschleunigung der Permeation etwa um das 2- bis 5fache (vgl. Wartiovaara 1956), wogegen die Diffusion in einer wässerigen Lösung dabei nur etwa 1,2- bis 1,4mal schneller wird. Unter Bezugnahme auf die bekannte van't Hoffsche Regel hat man früher vielfach aus dieser Tatsache den Schluß gezogen, die Permeationsvorgänge seien durch irgendwelche c h e m i s c h e Prozesse kontrolliert. Es dürfte jedoch klar sein, daß eine solche Schlußfolgerung durchaus nicht zwingend ist, da es ja auch physikalische Vorgänge mit hohen Temperaturkoeffizienten gibt. So z. B. lag es zunächst nahe, die starke Temperaturabhängigkeit der Permeation auf eine Viskositätserniedrigung der Plasmahautlipoide beim Erwärmen zurückzuführen (vgl. Bělehrádek 1935, S. 49). Auch diese Erklärung mußte jedoch aufgegeben werden, als es sich herausstellte, daß der Temperaturkoeffizient der Permeation je nach der Natur der permeierenden Substanz stark variiert.

Danielli nahm nun als erster an, daß die starke Temperaturabhängigkeit der Permeation auf einer hohen Aktivierungsenergie des Vorganges beruht, gerade so wie ja auch der Temperaturkoeffizient chemischer Reaktionen von der Aktivierungsenergie des betreffenden Vorgangs bedingt wird. Mit anderen Worten: Die permeierenden Moleküle begegnen irgendwo auf ihrem Wege einem Widerstand, der als eine Potentialschwelle wirkt, und der nur von sehr stark anprallenden Molekülen überwunden wird, wogegen alle Moleküle, deren kinetische Energie unterhalb des betreffenden Schwellenwertes liegt, zurückgehalten werden.

Es folgt aus der Analogie zwischen Permeationsvorgängen und chemischen Reaktionen, daß die Grundsätze der chemischen Kollisionstheorie auch für die theoretische Klarlegung des Permeationswiderstandes von Bedeutung sind. Im folgenden soll nun, im Anschluß an Danielli, der Versuch gemacht werden, die Bedeutung dieser Grundsätze für die Permeabilitätstheorie möglichst anschaulich darzustellen.

Die Bewegung der diffundierenden Moleküle in einer festen oder flüssigen Phase ist nicht ein solches unaufhörliches Hinundherschießen, wie man sich die Sache früher oft in Analogie mit dem Verhalten der Gasmoleküle vorstellte. Vielmehr besteht die Bewegung der Moleküle in kondensierten Systemen, wie besonders Eyring betont hat, aus zeitlich getrennten Sprüngen, zwischen denen die Moleküle, durch zwischenmolekulare Kräfte gefesselt, zwischen den Nachbarmolekülen eingeklemmt liegen, wobei sie allein zu verhältnismäßig geringfügigen Schwingbewegungen befähigt sind. Ein Platzwechsel ist dem einzelnen Molekül nur dann möglich, wenn seine Bewegungsenergie zufällig einen jeweils gegebenen Mindestwert überschreitet. Diese kritische Energiemenge, welche bei der Diffusion zur Abtrennung des Moleküls von dem Anziehungsbereich der umgebenden Moleküle und zur Lochbildung zwischen den neuen Nachbarn nötig ist, heißt die Aktivierungsenergie der Diffusion. Sie wird gewöhnlich nicht für ein einzelnes Molekül berechnet, sondern in Kalorien pro Mol angegeben und mit dem Symbol μ bezeichnet.

Vorgänge mit hoher Aktivierungsenergie werden bei einem Temperaturanstieg besonders stark beschleunigt.. Dies beruht auf der statistischen Verteilung der kinetischen Energie, welche sich gegen höhere Temperaturen gemäß dem Maxwell-Boltzmannschen Verteilungsgesetz zugunsten größerer Häufigkeit energiereicherer Moleküle so verschiebt, wie aus Abb. 4 ersichtlich ist. Man sieht, daß die Anzahl der Moleküle, deren Energieinhalt eine gewiße Grenze (Q) übersteigt, bei einer bestimmten Temperaturerhöhung relativ sehr viel stärker zunimmt, wenn die Grenze hoch liegt (Fall a), als wenn sie niedrig liegt (Fall b). Zur Vermeidung von Mißverständnissen sei bemerkt, daß Abb. 4 der Deutlichkeit halber stark schematisiert ist: bereits bei der freien und noch mehr bei der Diffusion durch eine Phasengrenzschicht liegt die kritische Grenze Q noch viel weiter rechts als in den Abbildungen, so daß tatsächlich nur ein sehr geringer Bruchteil sämtlicher Moleküle über die zur Fortbewegung nötige Energie

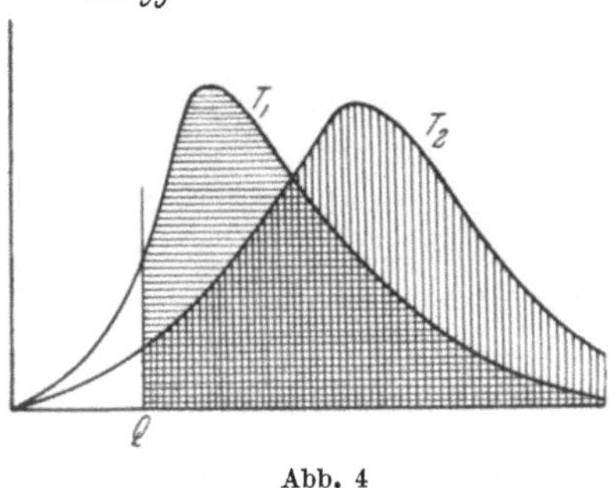

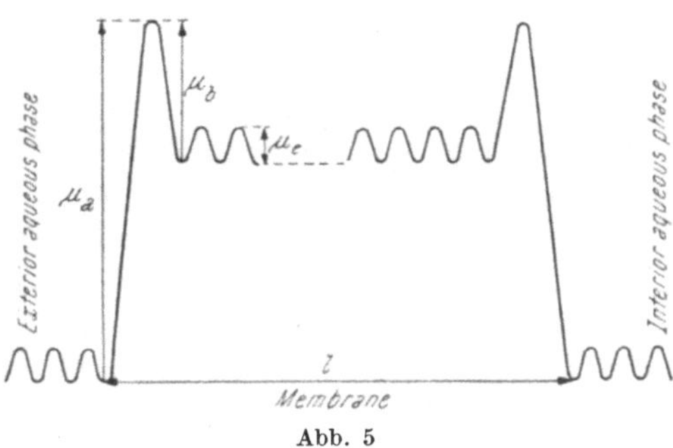

Abb. 4. Verteilung der translatorischen Energie innerhalb einer großen Zahl von Molekülen bei zwei verschiedenen Temperaturen (T_1 und T_2). Abszisse: Energie pro Molekül; Ordinate: Anzahl der betreffenden Moleküle.
(Nach Danielli und Davson 1935.)

Abb. 5. Die Plasmahaut als Energie-Barriere.
(Nach Danielli 1952.)

verfügt. Prinzipiell wichtig ist aber in diesem Zusammenhang vor allem, wie bereits angedeutet: je größer die Aktivierungsenergie eines Vorganges ist, um so steiler nimmt mit steigender Temperatur die relative Anzahl der Moleküle zu, welche über diese oder noch größere Energiemengen verfügen. Es besteht somit eine ganz bestimmte positive Korrelation zwischen der Aktivierungsenergie und der Temperaturabhängigkeit eines Vorganges. Diese Korrelation findet ihren Ausdruck in der Formel von Arrhenius, die z. B. in folgender Weise geschrieben werden kann:

$$\mu = \frac{4,6\ (\log K_2 - \log K_1)}{\dfrac{1}{T_1} - \dfrac{1}{T_2}}$$

Hierin bedeuten K_1 und K_2 die Geschwindigkeiten des betreffenden Vorganges bei den Temperaturen T_1 und T_2, während μ die Aktivierungsenergie darstellt. Auf Grund dieser Gleichung kann berechnet werden, daß die Aktivierungsenergie der freien Hydrodiffusion etwa 3000—4000 cal/Mol beträgt, während diejenige eines Permeationsvorganges mit dem verhältnismäßig niedrigen Q_{10}-Wert von 2,5 bereits rund 14.000 cal/Mol beträgt. Ein beträchtlicher Unterschied also!

Betrachten wir jetzt die Diffusion durch eine dünne Lipoidschicht, die sich zwischen zwei Wasserphasen befindet, und fragen wir uns, wo in diesem Modell der hauptsächliche Widerstand lokalisiert ist und worauf er beruht.

Wie Danielli hervorhob, läßt sich der Gesamtwiderstand in mehrere Teilwiderstände zerlegen, die den einzelnen Energieschwellen zwischen den sukzessiven Ruhelagen entsprechen. In Abb. 5 ist die Folge dieser Teilwiderstände für ein hydrophiles Molekül, etwa vom Typus des Glycerins, dargestellt. Die Höhe der dargestellten Wellen gibt die Größe der betreffenden Aktivierungsenergien in willkürlichen Maßeinheiten an. So entsprechen die niedrigen Wellen links und rechts der Energieschwellen bei der Diffusion im Wasser, worin der Platzwechsel ja leicht geschieht. Beim Übertreten in die Lipoidphase begegnet das Molekül dagegen einer sehr hohen Schwelle μ_a, die davon herrührt, daß es vom Wasser abgetrennt werden muß, wobei das Zerreißen der Wasserstoffbindungen zwischen seinen polaren Gruppen und den Wassermolekülen einen großen Energieaufwand erfordert. Da die beinahe apolaren Lipoidmoleküle keine oder fast keine Wasserstoffbindungen bilden können, bleibt diese Trennungsarbeit im System als Potentialenergie erhalten, solange das Molekül in der Lipoidphase verweilt. Das Molekül verbleibt somit auf einem höheren Energieniveau, was durch die höhere Lage der Wellen, welche die Energieschwellen im Lipoid darstellen, veranschaulicht ist. Diese Wellen (μ_e) sind niedrig gezeichnet, denn es soll der Diffusionswiderstand im Innern der Lipoidschicht im Verhältnis zu dem Übergangswiderstand gering sein. Sie entsprechen etwa den Wirkungsbereichen der CH_2-Gruppen der Kohlenwasserstoffketten. Das Austreten ins Wasser geht ebenfalls leicht, d. h. μ_b ist niedrig. Das Molekül fällt dabei auf sein ursprüngliches Energieniveau zurück. Die Auffassung, daß μ_e und μ_b niedrig sind, gründet sich auf die Tatsache, daß die zwischenmolekularen Kräfte in dem fast apolaren Lipoid hauptsächlich nur schwache van der Waalssche Kräfte sind, die weder der Fortbewegung im Lipoid noch dem Austritt aus dem Lipoid einen großen Widerstand entgegensetzen.

Nehmen wir jetzt ein mehr lipoidlösliches, aber sonst vergleichbares Molekül, z. B. das eines einwertigen Alkohols mit gleicher Anzahl Kohlenstoffatome. Die Schwelle μ_a ist nun bedeutend niedriger, da nur eine polare Gruppe von dem Wasser abzutrennen ist. Die Werte von μ_b und μ_e sind dagegen von derselben Größenordnung wie im Falle des mehr hydrophilen Moleküls. Es ist also μ_a, d. h. die Aktivierungsenergie der Diffusion durch die Grenzfläche in der Richtung Wasser→Lipoid, diejenige Größe, die von Stoff zu Stoff am meisten schwankt und unter Umständen auch recht groß sein kann. Es liegt somit die Vermutung nahe, daß sie, zumal bei wenig lipoidlöslichen Substanzen für die Permeationsgeschwindigkeit maßgebend sein soll. Das ist es eben, was Danielli behauptet. Der größte Permeationswiderstand ist nach ihm oft an der Phasengrenze lokalisiert, wogegen der Diffusionswiderstand im Innern der Lipoidphase fast belanglos sei, außer bei stark lipoidlöslichen Stoffen, die an der Phasengrenze einem geringen Widerstand begegnen (vgl. Davson und Danielli 1952, S. 56).

Diese Argumentierung Daniellis mag zunächst sehr bestechend wirken. Bei näherer Überlegung steigen einem jedoch bald gewisse Zweifel auf hinsichtlich der Zuverlässigkeit der von ihm aus seinem an sich unzweifelhaft richtigen Schema gezogenen Schlußfolgerungen. Es ist natürlich richtig, daß im Falle stark hydrophiler Stoffe die Potentialschwelle μ_a bei weitem die höchste ist, die die Moleküle bei ihrer Permeation zu überwinden haben. Nur einer kleinen Minorität der betreffenden Moleküle gelingt es daher, diese Schwelle zu überschreiten. Aber — und hier kommen wir zu dem Hauptpunkt unserer Argumentierung — je kleiner diese Minorität ist, um so geringer wird ja auch der Verteilungskoeffizient Lipoid/Wasser dieser Molekülgattung sein und um so stärker abgeflacht wird somit auch ihr Konzentrationsgefälle i n n e r h a l b der Lipoidschicht sein (vgl. Collander und Bärlund 1933, S. 80 f.). Die Erschwerung des Durchtritts durch die Phasengrenze und die Abflachung des Konzentrationsgefälles innerhalb der Lipoidschicht gehen also zwangsläufig Hand in Hand. Unter solchen Umständen dürfte es kaum möglich sein, allein auf Grund eines solchen Schemas wie des von Danielli aufgestellten zu schließen, welchem von diesen permeationsverzögernden Faktoren die entscheidende Rolle zukommt, besonders auch da die Viskosität in der Lipoidschicht der Plasmahaut sehr groß sein dürfte. (Vgl. die bald zu besprechende Untersuchung von Zwolinski und Mitarb. 1949.)

Eine zweite experimentell prüfbare Konsequenz aus der Theorie Daniellis liegt darin, daß auf Grund dieser Theorie am ehesten wohl zu erwarten wäre, daß nicht nur der Permeationswiderstand, sondern auch der Temperaturkoeffizient der Permeation mit zunehmender Lipoidlöslichkeit des permeierenden Stoffes kleiner werde. Wie stimmt dies nun mit der Erfahrung überein?

An den roten Blutkörperchen zahlreicher Säugetierarten haben Jacobs, Glassman und Parpart (1935) auf Grund der Hämolysegeschwindigkeit bei Temperaturen zwischen 0 und 40° C die Temperaturkoeffizienten der Permeation für mehrere Anelektrolyte berechnet. Wie sie selbst bemerken, besteht eine negative Korrelation zwar in großen Zügen zwischen dem Permeationsvermögen und der Lipoidlöslichkeit einerseits und dem Temperaturkoeffizienten andererseits, aber doch nicht ausnahmslos.

Wartiovaara (1942) untersuchte u. a. an Zellen von *Nitellopsis* die Beziehungen zwischen der Größe des Temperaturkoeffizienten der Permeation und den sonstigen Eigenschaften der permeierenden Substanzen. Er konnte dabei keine Spur einer Korrelation zwischen dem Temperaturkoeffizienten einerseits und der Ätherlöslichkeit oder dem Permeationsvermögen andererseits finden. Dagegen war die positive Korrelation zwischen der Molekülgröße und dem Temperaturkoeffizienten unverkennbar. Doch ist es denkbar, daß auch diese Korrelation wenigstens teilweise zufallsbedingt war.

Interessant sind in diesem Zusammenhang auch die Ergebnisse einer Untersuchung von Wartiovaara und Tikkanen (1951) über die Temperaturkoeffizienten der Permeation bei vier Verbindungen der Harnstoffreihe. Sie fanden nämlich, daß die Temperaturkoeffizienten von Harnstoff und Thioharnstoff bei sämtlichen fünf untersuchten Objekten relativ niedrig (1,9—2,4) waren, während diejenigen von Methyl- und Dimethylharnstoff — trotz des größeren Permeationsvermögens dieser Verbindungen — wesentlich größer (3,2—3,8) ausfielen. Sie vermuten, daß der gewissermaßen sperrige Molekülbau der beiden letztgenannten Verbindungen für die Größe ihrer Temperaturkoeffizienten verantwortlich ist. Vgl. auch Abschnitt XVII.

Zusammenfassend ist zu sagen, daß das bisher vorliegende Tatsachenmaterial hinsichtlich des Zusammenhanges zwischen den Temperaturkoeffizienten der Permeation und den sonstigen Eigenschaften der permeierenden Moleküle noch allzu dürftig ist, um gutbegründete Schlußfolgerungen zuzulassen. Ganz so einfach, wie man sich diese Zusammenhänge auf Grund des Schemas von Danielli zunächst vorstellen könnte, sind sie aber kaum. Vgl. auch Danielli (1949) sowie Abschnitt XVII.

Überhaupt liegt wohl das größte Verdienst der Potentialschwellentheorie Daniellis darin, daß durch sie neue, fruchtbare Gesichtspunkte in die Diskussion eingeführt wurden. Die speziellen Folgerungen aber, die er auf Grund seiner Theorie zog, erscheinen großenteils etwas schwach begründet und vor allem in quantitativer Hinsicht wenig überzeugend.

An die Untersuchungen Daniellis schließt sich eng eine ebenfalls rein theoretische Veröffentlichung von Zwolinski, Eyring und Reese (1949) an. Auch sie setzen nämlich voraus, daß die Permeation durch eine dünne, als homogen anzusehende Lipoidhaut stattfindet, wobei eine Reihe von sukzessiven Potentialschwellen zu überwinden sind. Nur behandeln sie das Problem nicht molekülkinetisch wie Danielli, sondern thermodynamisch, und zwar in einer Weise, die für den vorwiegend biologisch geschulten Leser nicht eben leicht verständlich ist. Im folgenden getrauen wir uns daher, nur einige Andeutungen von dem Inhalt dieser Arbeiten zu geben.

Den Ausführungen von Zwolinski und Mitarb. liegt die Diffusionstheorie Eyrings zugrunde. Nach ihr sind besonders die Energiebedingungen der Lochbildung im Diffusionsmedium maßgebend für die Diffusion. (Daher die Bezeichnung „hole theory of diffusion".) Während den meisten älteren Permeabilitätsforschern, wenn von der Permeation die Rede ist, wohl etwa das Bild eines sich aktiv den Weg bahnenden Geschosses oder die Durchdringung eines Dickichts vorschwebt, erinnert die Diffusion und somit auch die Permeation nach der neueren Theorie eher etwa an der planlosen Fortbewegung einer Person im Gedränge auf einem Marktplatz, wo man ziemlich passiv auf die zufällige Entstehung eines unbesetzten Raumes in seiner nächsten Nähe zu warten hat.

Im Gegensatz zu Danielli finden Zwolinski und Mitarb., daß die Frage, welcher Schritt die Permeationsgeschwindigkeit durch die Plasmahaut begrenzt, weder auf Grund der Permeationsgeschwindigkeit noch auf Grund der Höhe des Temperaturkoeffizienten entschieden werden kann. Selbst versuchen sie dieses Problem in der Weise zu lösen, daß sie die Veränderungen des Permeationsvermögens innerhalb homologer Reihen studieren. Eine direkte Proportionalität zwischen Lipoidlöslichkeit und Permeationsvermögen soll dabei darauf hindeuten, daß der Diffusionswiderstand innerhalb der Lipoidschicht entscheidend ist, während bei fehlender Proportionalität der Hauptwiderstand eher an der Phasengrenze zu suchen sei. In dieser Weise gelangen sie zu dem Schluß, daß beide Alternativen in der Natur verwirklicht sein dürften, daß aber in der Mehrzahl der Fälle die Diffusion innerhalb der Lipoidschicht limitierend wirkt.

ZWOLINSKI und Mitarb. betonen, daß dieses Ergebnis auf Grund der Knappheit und Ungenauigkeit des vorliegenden Tatsachenmaterials nur als provisorisch anzusehen ist. Und doch scheint es, daß sie die Genauigkeit der betreffenden Permeabilitätsbestimmungen und wohl auch die der Lipoidlöslichkeitsbestimmungen eher über- als unterschätzt haben. Tatsächlich dürften nämlich die von ihnen der Literatur entnommenen Permeationskonstanten nicht nur mit zufälligen, sondern auch mit systematischen Fehlern behaftet sein, die z. B. davon herrühren, daß sich der Diffusionswiderstand der Zellwand zu dem der Plasmahäute addiert. Uns will es daher scheinen, daß ihr Schluß, wonach der Hauptwiderstand z. B. der *Chara*-Zellen, wahrscheinlich an der Phasengrenze lokalisiert sei, bedenklich in der Luft schwebt.

Wie bereits erwähnt, sind ZWOLINSKI und Mitarb. immerhin der Ansicht, daß der Hauptwiderstand der Permeation in den meisten Fällen innerhalb der Plasmahäute liegt. In solchen Fällen gilt nach ihnen die einfache Gleichung

$$P\left(\frac{cm}{sec}\right) = \frac{KD}{\delta}$$

in der K den Verteilungskoeffizienten Plasmahaut/Wasser, D die Diffusionskonstante und δ die Dicke der Haut bedeuten. Diese Gleichung ist, wie ersichtlich, ein direkter Ausdruck für den Grundgedanken der Lipoidtheorie.

Die Verff. stellen aber auch eine bedeutend kompliziertere Gleichung auf (Gleichung 39 von ZWOLINSKI und Mitarb.), welche Möglichkeiten zu einer weit eingehenderen Analyse der Permationsvorgänge bietet, indem sie u. a. gestattet, die freie Energie der Aktivierung für die Permeation und für die Diffusion innerhalb der Membran zu berechnen. Leider enthält die betreffende Gleichung jedoch einige Größen, deren Wert vorläufig nur ihrer Größenordnung nach bekannt sind. Die auf Grund dieser Gleichung berechneten Werte der freien Energien der Aktivierung sind daher sehr wenig genau. Sie genügen immerhin, um einen Begriff zu geben von der Größe der Kräfte, die bei der Permeation zu überwinden sind, und vor allem gestatten sie eine approximative Schätzung der Entropie der Permeationsprozesse [4].

Nach EYRINGS Theorie der absoluten Reaktionsgeschwindigkeiten (vgl. GLASSTONE, LAIDLER und EYRING 1941, BLADERGROEN 1955) wird die Geschwindigkeit molekularer Prozesse von der freien Energie der Aktivierung, $\triangle G$

---

[4] Der in der Physik und Chemie so zentrale Begriff der Entropie spielt übrigens indirekt bereits in der Permeabilitätstheorie von DANIELLI eine gewisse Rolle. Er spricht nämlich von einem Orientierungsfaktor, von dem es abhängt, ob ein an sich genügend kräftiger Impuls zu einer Überschreitung der Energieschwelle führt oder nicht.

(von Zwolinski und Mitarb. als $\triangle F^{\ddagger}$ bezeichnet), geregelt, die notwendig ist, um ein Molekül aus seiner Ruhelage auf den Scheitel der betreffenden Energieschwelle zu bringen. In einigen Fällen, wie z. B. bei unimolekularen Reaktionen, ist die freie Energie der Aktivierung fast gleich groß wie die Aktivierungswärme ($\triangle H^{\ddagger}$), die wiederum annähernd mit der Arrhenius-schen Aktivierungsenergie μ übereinstimmt, die in den vorhin referierten Ausführungen Daniellis eine so zentrale Rolle spielt. In anderen Fällen dagegen — und zu ihnen dürften eben die Permeationsprozesse gehören — enthält die freie Energie der Aktivierung als eine oft sogar entscheidend wichtige Komponenten einen anderen Energiefaktor, nämlich $T\triangle S^{\ddagger}$, wo T die absolute Temperatur und $\triangle S^{\ddagger}$ die Aktivierungsentropie bedeuten. Hier gilt die Gleichung

$$\Delta G^{\ddagger} = \Delta H^{\ddagger} - T\Delta S^{\ddagger}.$$

Die freie Energie der Aktivierung kann somit bedeutend kleiner und die Geschwindigkeit bedeutend größer sein, als allein auf Grund des Temperaturkoeffizienten zu erwarten wäre, falls nämlich $\triangle S^{\ddagger}$ groß ist, wie es nach Zwolinski und Mitarb. eben bei den Permeationsprozessen der Fall ist.

Die Entropie ist bekanntlich ein inverses Maß für die Geordnetheit des Systems. Die genannten Autoren deuten die große Entropie der Permeationsvorgänge so, daß die Bewegung des permeierenden Moleküls durch die Plasmahaut mit der Entstehung eines sehr weiten Störungsgebiets rings um das permeierende Molekül verknüpft ist, indem dabei eine große Zahl schwacher zwischenmolekularer Kräfte zerrissen werden [5]. Auf Grund des wenigen, was wir von der inneren Organisation der Plasmahäute wissen, scheint eine solche Deutung plausibel. Der wichtige Schluß, daß $\triangle H^{\ddagger}$ und $T\triangle S^{\ddagger}$ etwa von derselben Größenordnung sein dürften, erscheint somit nicht allzu kühn. Wenn dieser Schluß aber zutrifft, ist es klar, daß $\triangle S^{\ddagger}$ nicht sehr stark zu variieren braucht, um die sonst zu erwartende Korrelation zwischen $\triangle H^{\ddagger}$ und die Permeationsgeschwindigkeit zu verdecken. Dies würde somit erklären, daß — wie wir bei der Besprechung der Anschauungen Daniellis gefunden haben — keine regelmäßige Beziehung zwischen dem Permeationsvermögen und dem Temperaturkoeffizienten besteht.

Zwolinski und Mitarb. erwähnen zwar nur Störungsgebiete in der Plasmahaut, deren Weite die Größe der Entropiewerte bestimmen. Doch ist es wohl offenbar, daß die Entropie auch von dem Anteil des permeierenden Moleküls selbst an der Geordnetheit des Systems beeinflußt wird. Die permeierenden Moleküle können ja sehr wechselnder Gestalt sein. Auch die sie umgebenden Kraftfelder besitzen verschiedene Grade der Asymmetrie. Alles dies muß die im Zusammenhang mit dem Permeationsprozeß stehenden Entropieänderungen beeinflussen, indem es den permeierenden Molekülen ganz spezielle Orientierungen aufzwingt (Wartiovaara 1950),

---

[5] Man braucht sich nicht unbedingt vorzustellen, daß das permeierende Molekül die in Rede stehende Störung v e r u r s a c h t. Vielmehr verhält es sich wahrscheinlich so, daß ein Molekül in die Plasmahaut erst dann eindringt, wenn an einer Stelle zufällig eine so große Störung eingetreten ist, daß genügend Spielraum für die Permeation des betreffenden Moleküls vorhanden ist.

wodurch also die Geordnetheit vergrößert und die Entropie entsprechend verkleinert wird, was den Permeationsvorgang erschwert. Diese Einflüsse mögen klein sein verglichen mit den von Zwolinski und Mitarb. behandelten Entropieänderungen. Das schließt aber nicht aus, daß sie trotzdem von erheblicher Bedeutung sein können, wenn es gilt, die Unterschiede im Permeationsvermögen verschiedenartiger Moleküle zu erklären.

Zwolinski und Mitarb. berechnen die Diffusionskonstanten der Anelektrolyte im Innern der Plasmahäute zu etwa 10.000 bis 100.000mal kleiner als ihre Diffusionskonstanten in Wasser. „Their magnitudes occupy an intermediate position in the spectrum of diffusion constants in solids and liquids which bespeak a semisolid structure for natural membranes." Dieser Befund mag unerwartet erscheinen, da man sich wohl im allgemeinen die Plasmahäute als flüssig vorgestellt hat. Vielleicht ist es aber eben die strenge Orientierung ihrer Moleküle, die ihnen gewissermaßen eine „halbfeste Konsistenz" erteilt. Denn wie Danielli (1943) durchaus zutreffend bemerkt hat: „The effective membrane viscosity is not necessarily identical with the viscosity measured by a macroscopic method." Vgl. auch Glasstone, Laidler und Eyring (1941, S. 510 ff.).

Man kann wohl sagen, daß die vollkommen gesicherten Ergebnisse der Untersuchung von Zwolinski, Eyring und Reese nicht sehr zahlreich und vor allem nicht sehr genau präzisiert sind. Meist handelt es sich ja nur um größenordnungsmäßige Schätzungen. Immerhin scheint es, daß die Verff. neue Wege aufgezeigt haben, auf denen es hoffentlich in der Zukunft auf Grund eines reicheren und genaueren Tatsachenmaterials möglich sein wird, unsere Vorstellungen von dem Mechanismus der Permeationsprozesse wesentlich zu vertiefen.

Wie dem auch sein mag, so ist es klar, daß die Theorie der aktivierten Permeation nicht etwa eine A l t e r n a t i v e zu der Lipoidlöslichkeitstheorie darstellt, sondern bloß ein Versuch ist, den Mechanismus der selektiv permeationshemmenden Wirkung der Lipoidschicht zu erklären.

Einen interessanten Vergleich mit den Ausführungen von Zwolinski und Mitarb. ermöglicht eine experimentelle Untersuchung von Archer und LaMer (1955) über die Permeabilität monomolekularer Schichten der gesättigten Fettsäuren C_{17}—C_{20} für Wasser. Die von ihnen auf Grund ihrer Versuche mit einer flüssigen, monomolekularen Schicht der Nondecylsäure errechnete Höhe der Energieschwelle betrug 14,595 cal/Mol und war somit von ganz derselben Größenordnung wie der von Zwolinski und Mitarb. berechnete Energieschwellenwert der Wasserpermeation im Falle der Eier von *Arbacia*.

XIII. Die Permeabilitätstheorie Bogens

Man kann wohl verschiedener Meinung darüber sein, ob die von Bogen in Ruhlands Handbuch der Pflanzenphysiologie gegebene Darstellung der Theorie der Permeabilität (Bogen 1956 c; vgl. auch Bogen 1950) als eine besondere Permeabilitätstheorie zu gelten hat, denn sie zeigt deutliche Anklänge an die Ultrafiltertheorie, an die Lipoidfiltertheorie und auch an die Potentialschwellentheorie Daniellis. Immerhin mag es praktisch sein, seine

Gedanken über die Theorie der Permeabilität hier als eine Einheit zu besprechen.

Den Ausgangspunkt dieser Theorie bildet die empirische Feststellung, daß das Permeationsvermögen eines Anelektrolyten abhängig ist einerseits von der Größe des betreffenden Moleküls, als deren Maß die Molekularrefraktion MR_D benutzt werden kann, und andererseits von seiner Hydrophobie oder Lipoidlöslichkeit, als deren Maß der Verteilungskoeffizient Öl/Wasser ($K_{Öl}$) gilt. Also:

$$P = \frac{f'\ (K_{ÖL})}{f''\ (MR_D)}$$

Als eine Illustration dazu weist Bogen auf die Befunde hin, wonach für die Permeabilität der Internodialzellen von *Nitella* verschiedenen Anelektrolyten gegenüber die Gleichung

$$P = b\ \frac{K^{1,32}}{M^{1,5}}$$

innerhalb gewisser Grenzen gilt.

Bogen analysiert dann den Permeationsvorgang molekularkinetisch in Anschluß an Danielli, aber unter besonderer Hervorhebung der Wirkung der zwischenmolekularen Kräfte (ZMK). Das relativ größere Permeationsvermögen der hydrophoben Stoffe führt er dabei nicht auf ihre Lipoidlöslichkeit als solche zurück, sondern auf die Kleinheit der von ihnen ausgehenden ZMK — eine Stellungnahme, die an sich recht plausibel erscheint. Schwieriger ist es dagegen ihm zu folgen, wenn er seine Ansicht zu begründen versucht, daß die für die Permeabilität entscheidenden plasmatischen Grenzschichten nicht rein hydrophob sein können, sondern auch hydrophile Anteile enthalten müssen.

Nach Bogen (1956 c, S. 446) werden nämlich hydrophile Stoffe in einer rein hydrophoben Membran zwei entgegengesetzten Wirkungen ausgesetzt: 1. Ihre Moleküle werden in ihrer Permeation gegenüber den der hydrophoben Diosmotica (gleicher Molekularrefraktion) g e f ö r d e r t, weil sie nur untereinander, nicht aber gegen die Grenzschichtmoleküle diffusionshemmende Wasserstoffbrücken ausbilden. 2. Die Konzentrationsgradienten sind bei hydrophilen Stoffen kleiner als bei hydrophoben, wobei der „Beschleunigungseffekt“, der beim einzelnen Molekül sichtbar wird, „teilweise“ kompensiert werde.

Bogen scheint somit die zuerst genannte Wirkung (allerdings mit einem gewissen Vorbehalt) als die wichtigere zu halten. In der Hinsicht sind wir nun durchaus anderer Ansicht.

Es ist nämlich klar, daß die Bildung von Wasserstoffbrücken zwischen den permeierenden Molekülen und den Membranmolekülen um so weniger in Betracht kommt, je hydrophober die Membransubstanz ist, und zwar ziemlich unabhängig davon, ob das Diosmotikum hydrophil oder hydrophob ist. In dieser Hinsicht besteht also jedenfalls kein großer Unterschied zwischen den beiden Klassen der Diosmotika.

Dagegen besteht zwischen ihnen ein gewaltiger Unterschied in der Hin-

sicht, daß stark hydrophile Diosmotika in außerordentlich viel geringeren
Mengen als hydrophobe Diosmotika in eine hydrophobe Membran eintreten.
Es sei nur daran erinnert, daß das Verteilungsverhältnis Lipoid/Wasser
z. B. für Glycerol etwa von der Größenordnung 10^{-4} und für Hexosen etwa
von der Größenordnung 10^{-6} ist, während es bei hydrophoben Substanzen 1
und darüber betragen kann. Das bedeutet, daß der in der Plasmahaut ge-
legene Konzentrationsgradient bei ausgeprägt hydrophilen Stoffen oft tau-
sende- und hunderttausendmal flacher ausfällt als bei mehr hydrophoben
Substanzen. Gerade hier liegt u. E. der entscheidende Faktor, der es bewirkt,
daß hydrophile Stoffe um so langsamer durch eine Membran permeieren,
je hydrophober die Membransubstanz ist.

Damit soll allerdings nicht behauptet werden, daß die Plasmahaut
überhaupt keine hydrophilen Bestandteile enthalte. Vielmehr hat man wohl
Grund, mit Danielli und anderen anzunehmen, daß der Lipoidschicht eine
mehr hydrophile Proteinschicht angelagert ist. Auch die aktive Aufnahme
von z. B. Zuckern und Salzen setzt wohl voraus, daß die Plasmahaut Enzyme, „Carriers" u. dgl. enthält, die wohl nicht so streng hydrophob sind.
Solche Erwägungen genügen aber nicht, um die Anschauung umzustoßen,
daß der durchschnittliche Hydrophiliegrad d e r j e n i g e n Schicht, die für
den großen Diffusionswiderstand der Protoplasten verantwortlich ist, nach
unseren bisherigen Erfahrungen zu urteilen etwa ebenso klein oder sogar
noch etwas kleiner als der des Olivenöls sein dürfte. (Von extremen Ausnahmefällen wie etwa *Beggiatoa* sehen wir in diesem Zusammenhang ab.)

XIV. Die Theorie der Wasserpermeabilität

Wie bereits erwähnt, ist die überaus große Permeabilität der Protoplasten für Wasser schon den ersten Permeabilitätsforschern aufgefallen. Besonders im Lichte der Lipoidtheorie schien sie geradezu abnorm groß zu
sein und hat daher zu vielen Diskussionen Anlaß gegeben.

Tatsächlich fällt jedoch die Größe der Wasserpermeabilität nicht der-
maßen aus dem üblichen Rahmen, wie es auf den ersten Blick vielleicht
erscheinen mag. Erstens ist nämlich zu bemerken, daß das Wasser, entgegen
einer weit verbreiteten Ansicht, durchaus nicht zu den allerhydrophilsten,
d. h. zu den am allerwenigsten lipoidlöslichen Verbindungen gehört. Vielmehr besitzen z. B. Harnstoff, mehrwertige Alkohole, Zuckerarten, Aminosäuren und die starken Elektrolyte wesentlich kleinere Verteilungskoeffizienten Lipoid/Wasser als das Wasser selbst. Die relative Lipoidlöslichkeit
des Wassers ist eher etwa dem des Äthylenglykols vergleichbar. Wenn man
weiter berücksichtigt, daß die Wassermoleküle wesentlich kleiner sind als
die Moleküle fast aller anderer Stoffe, mit denen Permeationsbestimmungen
ausgeführt worden sind, so kann man eigentlich nicht behaupten, daß das
Wasser „abnorm schnell" permeiert. Es besteht somit keine direkte Notwendigkeit, nach einem speziellen Permeationsmechanismus eben für das
Wasser zu suchen.

Immerhin ist ja *a priori* denkbar, daß das Wasser nicht nur durch Diffusion, sondern auch durch F i l t r a t i o n die Plasmahaut durchsetzt. Ob es dies wirklich tut, hängt in erster Linie von den Dimensionen der eventuellen Poren der Plasmahaut ab. Abb. 6 zeigt, wie sich Renkin und Pappenheimer (1957) den Einfluß der Porenradien auf den Wasserdurchtritt vorstellen. Danach sind Diffusion und Filtration etwa gleich effektiv, wenn der Porenradius rund 5 Å beträgt. Sind die Poren weiter, überwiegt die Filtration, d. h. die hydrodynamische (Poiseuillesche) Strömung, sind sie dagegen enger, so ist die Diffusion vorherrschend. Leider ist aber das relative Ausmaß der verschiedenen Durchtrittsmechanismen nach Renkin und Pappenheimer besonders unsicher in den gestrichelten Teilen der betreffenden Kurven, d. h. eben in dem Gebiet, wo sowohl Diffusion wie Filtration ernstlich in Frage kommen können. Außerdem ist über die Dimensionen der eventuellen Plasmahautporen nichts mit Sicherheit bekannt.

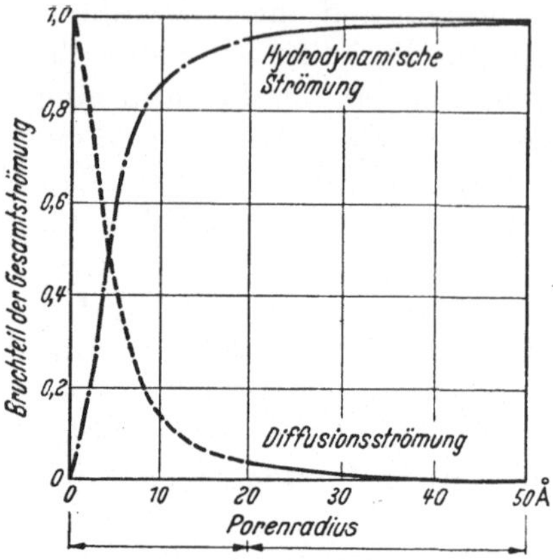

Auch sonst gehört die Frage von der Wasserdurchlässigkeit — trotz den überaus zahlreichen diesbezüglichen Untersuchungen — noch immer zu den verhältnismäßig dunklen Abschnitten der Permeabilitätslehre.

Zum großen Teil rührt dies davon her, daß exakte Bestimmungen der Wasserpermeabilität technisch außerordentlich schwer auszuführen sind.

Eine Schwierigkeit liegt erstens darin, daß das Wasser einen mengenmäßig ganz überwiegenden Bestandteil sowohl des Protoplasmas wie auch des Zellsaftes darstellt. Die Herstellung eines osmotischen Ungleichgewichtes in bezug auf das Wasser bringt daher unvermeidbar eine Verlagerung der gelösten Stoffe und vielleicht sogar gewißer Strukturelemente der Zelle mit sich (Bachmann 1939). Neben dem beabsichtigten osmotischen Gefälle entstehen somit immer auch andere Konzentrationsgradienten, deren Einfluß auf die Wasserpermeation schwer zu übersehen ist.

Abb. 6. Diffusion und hydrodynamische Strömung des Wassers als Funktion des Porenradius während des Durchtritts durch eine Membran.
(Nach Renkin und Pappenheimer 1957.)

Besonders eindrucksvoll kamen solche sekundäre osmotische Gradienten zum Ausdruck in den sehr instruktiven Versuchen von Kamiya und Tazawa (1956) an *Nitella*-Zellen, deren eines Ende mit Wasser, das entgegengesetzte Ende dagegen mit einer Zuckerlösung in Berührung gebracht wurde. Hierdurch wurde eine kräftige Wassersaugung durch die Zelle verursacht, die zur Folge hatte, daß der Zellsaft am einen Zellende beträchtlich verdünnt und am anderen entsprechend konzentriert wurde. Diese intrazellulare osmotische Polarisation wirkte begreiflicherweise dem äußeren osmotischen Gefälle entgegen und bewirkte so eine stetige Abnahme des durch die Zelle gesaugten Wasserstromes. Infolge der beträchtlichen Länge der *Nitella*-Zellen trat die Polarisation bei ihnen in besonders augenfälliger Weise in Erscheinung; es muß aber betont werden, daß mit einer im Prinzip ähnlichen osmotischen Gegenkraft in a l l e n Versuchen zu rechnen ist, wo irgendwelchen Zellen Wasser auf osmotischem Wege entzogen oder zugeführt wird. Wenn es nicht gelingt, den Effekt dieser Gegenkraft auf rechnerischem Wege zu eliminieren, werden somit die osmotisch bestimmten Wasserpermeabilitätswerte immer zu klein ausfallen.

Eine zweite Schwierigkeit bei der Bestimmung der Wasserpermeabilität liegt darin, daß man dabei nicht wie im Falle der Permeation der meisten anderen Substanzen annehmen darf, daß der Widerstand allein oder doch fast allein in der Plasmahaut lokalisiert ist. Vielmehr hat DICK (1959) überzeugend dargetan, daß der Diffusionswiderstand des Binnenplasmas bei der Wasserpermeation etwa von derselben Größenordnung wie derjenige der Plasmahaut ist und somit nicht vernachlässigt werden darf.

Bei der Bestimmung der Wasserpermeabilität auf osmotischem Wege kommt als weitere Komplikation hinzu, daß man dabei nicht von der sonst üblichen Voraussetzung ausgehen kann, die Permeationsgeschwindigkeit sei dem Konzentrationsgefälle des permeierenden Stoffes (hier also des Wassers) direkt proportional. Vielmehr gelangt man zunächst zu Permeationskonstantenwerten des Wassers, die etwa in Länge · Zeit^{-1} · Atm.$^{-1}$-Einheiten ausgedrückt sind. Um sie in die sonst üblichen Länge · Zeit^{-1}-Einheiten umzurechnen, pflegt man wohl meistens anzunehmen, daß einem osmotisch erzeugten hydrostatischen Druck von 1 Atm. eine Art „Konzentrationsänderung" des Wassers von 1/22,4 Mol entspricht. Außerdem nimmt man oft stillschweigend an, daß die Diffusion des Wassers unter den Bedingungen des Versuchs auch quantitativ denselben Gesetzmäßigkeiten folgt wie die Diffusion gelöster Moleküle in einer verdünnten Lösung. Die Berechtigung dieser Annahmen ist jedoch fraglich (JACOBS 1952, DICK 1959). Immerhin hat BOCHSLER bereits 1948 experimentell nachgewiesen, daß die Wasserpermeation proportional der Differenz zwischen der jeweiligen Wasserkonzentration und der Gleichgewichtskonzentration des Wassers im Zellsaft verläuft. Auf dieser Grundlage berechnete Wasserpermeationskonstanten dürften somit doch recht zuverlässig sein. Vgl. auch ZWOLINSKI und Mitarb. (1949, Appendix) sowie VREUGDENHIL (1957).

Ein Ausweg, um alle diese Komplikationen zu vermeiden, besteht darin, daß man die Permeation von isotopenmarkiertem Wasser (Deuterium- oder Tritiumoxyd bzw. hydroxyd) verfolgt. Merkwürdigerweise stimmen jedoch die mittelst einer solchen „Diffusionsmethode" erzielten Ergebnisse meistens recht schlecht mit den auf osmotischem Wege erhaltenen überein. Vielmehr sind die osmotisch bestimmten Permeabilitätswerte bis etwa 70mal größer als die an denselben Objekten mittelst der Diffusionsmethode bestimmten Werte (PRESCOTT und ZEUTHEN 1953, USSING 1954, USSING und ANDERSEN 1956). Es liegt natürlich nahe, diese Diskrepanzen auf Unzulänglichkeiten bei der Berechnung der Permeationskonstanten aus osmotischen Versuchen zurückzuführen. Doch hält USSING die betreffenden Differenzen für real und erklärt sie damit, daß unter dem Einfluß eines hydrostatischen Druckes eine Massenströmung durch wassererfüllte Poren der Plasmahaut stattfindet, wogegen bei den Versuchen mit isotopenmarkiertem Wasser natürlich nur eine Diffusion in Frage kommt. Betreffs der von ihm angenommenen Poren fügt er jedoch vorsichtigerweise hinzu: „...or else, perhaps, something that experimentally shows up as pores. What I mean with this is that they need not be permanent structures, but may form and close continuously." (Ussing 1954, S. 39.)

Harris (1956) meint jedoch, daß der Unterschied zwischen den aus Filtrations- und Diffusionsversuchen berechneten Werten der Wasserpermeabilität auch anders erklärt werden kann. Wenn nämlich das Wasser beim Durchtritt durch die Plasmahaut lange, schmale Molekülreihen („moving files of water") bildet, dann ist es auf Grund statistischer Erwägungen vorauszusehen, daß der Netto-Transport von Wasser unter dem Einfluß eines osmotischen Gefälles bedeutend schneller stattfinden wird als der Austausch von markierten Wassermolekülen durch Diffusion. Eine hydrodynamische Wasserströmung („bulk flow") braucht dann nicht bei der Osmose stattzufinden und ebenso wenig ist man gezwungen, die Existenz von eigentlichen wassererfüllten Poren in der Plasmahaut anzunehmen. Vgl. auch Stadelmann (1956), Mauro (1957), Sidel und Solomon (1957), Paganelli und Solomon (1957), Kedem und Katchalski (1958), Nevis (1958), Dick (1959) sowie Dainty und Hope (1959).

Eine weitere Eigentümlichkeit der osmotisch bedingten Wasserpermeation liegt in ihrer behaupteten Richtungsabhängigkeit. Während nämlich sonst eine irreziproke Permeabilität, d. h. eine unterschiedliche Permeabilität in entgegengesetzten Richtungen, nie mit Sicherheit nachgewiesen worden ist und auch wohl thermodynamisch unwahrscheinlich sein dürfte, soll sich das Wasser laut zahlreichen Angaben leichter von außen nach innen als in umgekehrter Richtung bewegen. Die Versuche und Überlegungen von Dainty und Hope (1959) zeigen aber überzeugend, daß die behauptete Richtungsabhängigkeit der Wasserdurchlässigkeit wenigstens im Falle von *Nitella* und *Chara* mehr scheinbar als wirklich ist.

Über die Beeinflussung der Wasserpermeabilität durch die ionale Zusammensetzung der die Protoplasten umgebenden Lösung liegt eine umfangreiche Literatur vor. In diesem Zusammenhang begegnet man oft den schlagwortartigen Ausdrücken Quellung und Entquellung als Erklärung der erhaltenen Ergebnisse. Dabei scheint die Mehrzahl der betreffenden Autoren eher an den Quellungszustand des Binnenplasmas als an den der Plasmahäute zu denken. In der Tat ist es gut denkbar, daß gerade im Falle des Wassers, das so äußerst schnell die Plasmahäute durchdringt, der sonst wohl meistens zu vernachlässigende Permeationswiderstand des Mesoplasmas eine relativ beträchtliche Rolle spielen kann (vgl. Höfler 1949, Seemann 1953). Andererseits läßt sich aber auch gut denken, wie u. a. Danielli und Davson (1935) betont haben, daß der Hydratationsgrad und damit auch die Wasserpermeabilität der Plasmahaut wesentlich dadurch beeinflußt wird, ob etwa Na^+ oder aber Ca^{++} als Gegenionen der in ihr enthaltenen sauren Phosphatide auftreten. Vgl. auch Vreugdenhil (1957).

Schließlich sei auf den überraschenden Befund von Prescott (1955) hingewiesen, daß Lachseier in bestimmten Entwicklungsstadien hochgradig undurchlässig für Wasser sind. Man fragt sich, ob die Plasmahaut dieser Eier extrem hydrophob und zugleich ungewöhnlich dick ist. Ihr Verhalten anderen Stoffen gegenüber scheint noch nicht untersucht worden zu sein.

XV. Zur Theorie der Ionenpermeabilität

Unsere bisherigen Ausführungen galten allein oder doch in ganz überwiegendem Maße der Durchlässigkeit der Protoplasten elektrisch neutralen Molekülen gegenüber. Andererseits ist es selbstverständlich, daß eine Theorie der Protoplasmapermeabilität, soll sie ihren Zweck vollauf erfüllen, imstande sein sollte, auch die Durchlässigkeit bzw. Undurchlässigkeit für Ionen zu erklären.

Eine detaillierte Theorie der Ionendurchlässigkeit der Protoplasten ist jedoch vorderhand kaum möglich. Dies rührt nicht allein davon her, daß die Ionendurchlässigkeit der Protoplasten heute sehr viel unvollständiger bekannt ist als ihre Durchlässigkeit für elektrisch neutrale Moleküle. Noch schlimmer ist es, daß auch der zukünftige Weg zu einem besseren Verständnis der Ionenpermeabilität mit enormen Schwierigkeiten blockiert ist. Die Schwierigkeiten liegen nicht nur darin, daß eine saubere Unterscheidung zwischen passiver Durchlässigkeit und aktivem Transport gerade bei den Ionen häufig auf große Schwierigkeiten stößt. Sehr große Schwierigkeiten werden auch von den elektrischen Ladungen der permeierenden Ionen und von den an den Zellgrenzschichten bestehenden elektrischen Potentialgefällen bewirkt. So kommt es, daß die Formeln, mit deren Hilfe die Ionenpermeabilität zu berechnen wäre, sehr viel komplizierter sind als die verhältnismäßig einfachen Gleichungen, die zur Berechnung der Permeationskonstanten der Nichtelektrolyte genügen. Die Darstellung der Theorie der Ionenpermeabilität bei JOHNSON, EYRING und POLISSAR (1954, S. 515—603) zeigt dies sehr eindrucksvoll. Vgl. auch HARRIS (1957) sowie MacRobbie und DAINTY (1958).

Wenn wir es nun trotzdem versuchen, einige elementare Gesichtspunkte zur Theorie der Ionenpermeabilität lebender Protoplasten vorzulegen, so gehen wir dabei von der Auffassung aus, daß die Hauptergebnisse der bisherigen Erforschung der Ionendurchlässigkeit etwa in folgenden Sätzen zusammengefaßt werden können: 1. Die roten Blutkörperchen sind für die meisten Anionen (Cl^-, HCO_3^- u. a.) auffallend leicht permeabel, für sämtliche Kationen dagegen außerordentlich viel weniger durchlässig. 2. Muskel- und Nervenzellen sind umgekehrt für Anionen relativ wenig permeabel. Dagegen besteht bei ihnen eine auffällige Durchlässigkeit für bestimmte Kationen, und zwar in erster Linie für K^+- und Rb^+-Ionen, während ihre Durchlässigkeit für z. B. Na^+-, Li^+- und die Erdkali-Ionen im Ruhezustand sehr gering ist. 3. Beim Erregungsvorgang wird die relative Impermeabilität der Muskel- und Nervenzellen für Na und Li momentan aufgehoben, so daß wenigstens die Nervenzellen während einiger Millisekunden für Na^+ und Li^+ selbst mehr durchlässig als für K^+ oder Rb^+ sind (HODGKIN 1958). 4. Pflanzenzellen sind sowohl für Kationen wie für Anionen sehr wenig durchlässig. So z. B. dauert es im Falle der Characeen-Zellen etwa ein paar Wochen, ehe sich der Austausch von K-Ionen gegen Rb-Ionen oder von Cl-Ionen gegen Br-Ionen zur Hälfte vollzogen hat. Auch Versuche mit radioaktiven Isotopen zeigen die Schwerdurchlässigkeit pflanzlicher Protoplasten für sowohl Kationen wie Anionen sehr deutlich (SUTcliffe 1954, MacRobbie und Dainty 1958, Diamond und Solomon 1959). Die Zellen von *Beggiatoa* weichen jedoch auch hinsichtlich ihrer Ionenpermeabilität scharf von allen anderen bisher untersuchten Zellen ab.

Wie sind nun diese experimentellen Befunde theoretisch zu erklären?

Es liegt sehr nahe, diese ausgeprägt selektive Anionendurchlässigkeit der Erythrozyten und die einigermaßen selektive Kationendurchlässigkeit der Nerven und Muskeln darauf zurückzuführen, daß die betreffenden Plasmahäute ähnlich wie die im Abschnitt II/2 besprochenen Kollodiummembranen mit Poren versehen sind, deren Wände in dem einen Falle positive, in dem anderen Falle negative Festladungen tragen, so daß die von Teorell und K. H. Meyer aufgestellten Gesetze hier zur Geltung gelangen. Auch die viel leichtere Permeation der K- und Rb-Ionen als die der im hydratisierten Zustande größeren Na- und Li-Ionen ist auf dieser Grundlage durchaus verständlich. Kein Wunder also, daß die meisten Forscher auf diesem Gebiet geneigt sind, die Ionendurchlässigkeit der Protoplasten auf das Vorhandensein von irgendwelchen Poren in der Plasmahaut zurückzuführen. Doch ist es wohl nicht ausgeschlossen, daß auch die Lipoidlöslichkeitstheorie dieser Befunde befriedigend erklären könnte. So geht ja z. B. aus den vorhin (S. 11) referierten Untersuchungen von Beutner und Osterhout hervor, daß es sowohl selektiv kationendurchlässige wie selektiv anionendurchlässige Öle gibt. Auch die Abnahme des Permeationsvermögens mit zunehmender Hydratation der Ionen erscheint von diesem Ausgangspunkt verständlich, da zunehmende Hydratation der Ionen wohl immer zugleich abnehmende relative Lipoidlöslichkeit bedeutet. Allerdings ist die Lipoidlöslichkeit der Ionen bis jetzt so wenig studiert worden, daß es vorderhand nicht möglich ist zu entscheiden, wie ausnahmslos die Korrelation zwischen der Lipoidlöslichkeit verschiedener Ionen und ihrem Permeationsvermögen tatsächlich ist.

Eine große Schwierigkeit bedeutet — sowohl vom Standpunkt der Porentheorie wie auch von dem der Löslichkeitstheorie — der Befund, daß beim Erregungsvorgang die Permeabilität der Nerven für Na und Li größer wird als ihre Permeabilität für K und Rb. Denn künstliche Membranen, seien es Porenmembranen oder homogene Membranen, die für Na und Li leichter durchlässig wären als für K und Rb, dürften bisher nicht bekannt sein. Möglicherweise sind aber einige von Mullins (1959) kürzlich entwickelte Gedankengänge berufen, in dieser Beziehung eine Klärung anzubahnen. Mullins geht von der Tatsache aus, daß die Hydratationshülle eines Alkalikations so fest an dem Ion haftet, daß ein einfaches Abstreifen derselben beim Eintritt des Ions in eine enge Plasmahautpore nicht möglich ist. Dagegen hält er es für möglich, daß ein Teil der Hydratationshülle ersetzt werden könnte durch eine Solvatation entsprechender Größe von Seiten der Porenwandung. Damit dies aber geschehe, müssen Ionen und Poren hinsichtlich ihrer Dimensionen ziemlich genau aufeinander abgestimmt sein. Daß das Ion nicht eintreten kann, wenn die Poren allzu eng sind, ist ja selbstverständlich, aber Mullins meint, daß der Eintritt gleichfalls erschwert wird, wenn der Porenquerschnitt ein wenig zu groß ist, weil dann die energetisch vorteilhafte Wechselwirkung zwischen Ion und Porenwandung ausbleibt. Abb. 7 veranschaulicht diesen Gedanken. Die Ordinate gibt die Hydratationsenergie eines einzelnen Na- oder K-Ions an, die Abszisse die Lage desselben Ions im Verhältnis zu der Membran. An der linken Seite befindet sich das Ion in der Lösung und ist somit vollständig hydratisiert. In der Mitte befindet es sich in einer Übergangszone an dem Eingang zu einer engen Pore. Rechts ist es bereits in der Pore selbst. Falls der Eintritt in die Pore ein Abstreifen der Hydratationshülle ohne besondere Kompensation voraussetzen würde, wäre der Eintritt mit dem Überschreiten einer beträchtlichen Energieschwelle verknüpft. Falls aber die ursprüngliche Hydratation durch eine entsprechende Solvatation seitens der Porenwände ersetzt wird, so bedeutet dies energetisch, daß ein „Tunnel"" (repräsentiert durch die gestrichelte Linie in der Mitte der Figur) vorhanden ist, so daß jene Energieschwelle umgangen werden kann. (Die drei gestrichelten Linien rechts geben die Energieverhältnisse an je nachdem, ob die Polarisation der Porenwandung kleiner, ebenso groß oder größer ist als die des wässerigen Mediums.)

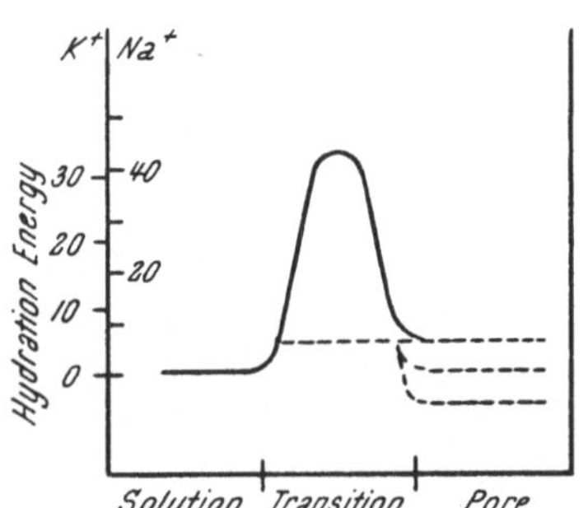

Abb. 7. Schema der Energieverhältnisse beim Eindringen eines K+- oder Na+-Ions aus der freien Lösung (links) in eine enge Pore (rechts).
(Nach MULLINS 1959.)

Nach den hier angedeuteten Vorstellungen von MULLINS wäre es somit prinzipiell nicht undenkbar, daß gewisse Porenmembranen ganz bestimmte Ionen — in einem Falle etwa K, in einem anderen vielleicht Na — am schnellsten durchlassen würden. Vorläufig sind die betreffenden Annahmen jedoch experimentell recht schwach begründet, so daß eine definitive Stellungnahme zu ihnen noch kaum möglich ist. U. a. scheint die reele Natur der angenommenen „Poren" noch sehr fraglich. Vielleicht sind sie am ehesten den im folgenden Kapitel zu besprechenden „aktiven Flecken" oder den Permeasen gleichzustellen.

In diesem Zusammenhang sei auch auf einige interessante Beobachtungen hingewiesen, die beim Studium der Ionenaufnahme seitens synthetischer Austauscherharze gemacht worden sind. Nach NETTER (1959, S. 272) hat es sich nämlich gezeigt, daß die Ionenaufnahme im Falle genügender Enge des von den Fadenmolekülen gebildeten Netzes mehr oder weniger spezifisch sein kann. So nehmen z. B. gewisse Tauscher mehr Kalium als Natrium oder Rubidium auf. „Das mag damit zusammenhängen, daß der zunehmende Radius des wasserfreien Ions das Eintreten größerer Ionen in die starre Struktur erschwert, und damit, daß auch für die kleineren eine gewisse Abgabe des Hydratwassers notwendig ist; am günstigsten steht daher das K+ als jenes Ion da, welches bei noch nicht allzu großem Radius nur noch wenig Hydratwasser besitzt" (NETTER 1959, S. 272).

Schließlich sei auf die Möglichkeit hingewiesen, daß die heute noch wenig bekannten „Carriers", deren Beteiligung an dem aktiven Ionentransport ziemlich allgemein angenommen wird, womöglich auch bei der passiven Ionenpermeation eine Rolle spielen. Da die Carriers ja häufig recht spezifisch auf ganz bestimmte Ionen eingestellt sind, scheint es denkbar, daß hierdurch stark variierende Permeabilitätseigenschaften verwirklicht werden können (vgl. Fuhrman 1959, S. 20).

XVI. Die Theorie der „erleichterten Diffusion" oder „bevorzugten Permeation"

Es sind Zellarten bekannt, die gegenüber bestimmten Substanzen auffällig permeabel sind, während ihre Durchlässigkeit anderen Stoffen gegenüber durchaus „normal" ist. Wohl das auffälligste bisher bekannte Beispiel hierfür bieten die roten Blutkörperchen von bestimmten Tierarten. Wie Jacobs und seine Mitarbeiter zeigen konnten (vgl. Jacobs 1952), gibt es nämlich Tiere, deren Erythrozyten durch eine außergewöhnlich große Permeabilität für Glycerin ausgezeichnet sind. Eine weitere Eigentümlichkeit dieser Blutkörperchen liegt darin, daß ihre Glycerinpermeabilität sehr stark herabgesetzt wird durch eine geringe Erniedrigung des pH-Wertes und auch bei der Zufügung von Spuren von Kupfersalzen oder von gewissen anderen Enzyminhibitoren. Die Annahme liegt somit nahe, daß gewisse in der Plasmahaut vorhandene Enzyme an der Glycerinaufnahme beteiligt sind. Andererseits scheint es sich doch nicht um einen aktiven Stofftransport im üblichen Sinne zu handeln, denn die Glycerinaufnahme führt nur dazu, daß das Konzentrationsgleichgewicht in bezug auf Glycerin zwischen Außenlösung und Zellinnerem schneller erreicht wird. Eine Speicherung von Glycerin findet dagegen nicht statt.

Danielli (1949, 1954 a, b) spricht in derartigen Fällen von einer erleichterten Diffusion („facilitated diffusion"). Vielleicht wäre bevorzugte Permeation eine noch treffendere Bezeichnung. Er nimmt an, daß die selektive Aufnahme des Glycerins durch besondere, aktive Flecken („active patches") geschieht, die über die Zelloberfläche zerstreut liegen, aber nur einen geringen Bruchteil (höchstens ein paar Prozent) davon ausmachen. Die betreffenden Bauelemente sollen sich durch die ganze Dicke der Plasmahaut erstrecken und eine stereochemisch spezifische Bildung von Wasserstoffbindungen mit ganz bestimmten Molekülgattungen, wie z. B. eben den Glycerinmolekülen, ermöglichen. Derartige Mechanismen könnten beschleunigend auf die Diffusion durch die Grenzschicht wirken, indem sie die zur Überschreitung der Potentialschwelle erforderliche Energie auf eine Anzahl sukzessiver, niedrigerer Schwellen verteilen würden. Der Endzustand wird dagegen durch eine derartige Anordnung selbstverständlich nicht beeinflußt.

Danielli rechnet mit der Möglichkeit, daß Anordnungen der eben besprochenen Art, die etwa für bestimmte Zuckerarten selektiv permeabel sind, doch zugleich auch andere hydrophile Moleküle durchlassen könnten, sofern diese nur genügend klein sind. In dieser Weise käme somit auch — gewissermaßen als ein Nebenprodukt der eigentlich „bezweckten" Zuckeraufnahme — eine bevorzugte Permeation von z. B. Formamid, Methanol und Wasser zustande.

Man kann sich auch besondere „Durchlaßenzyme" oder „Träger" denken, die etwa mit bestimmten Molekülen der umgebenden Wasserphase unbeständige Komplexe bilden, sich dann aber umdrehen und zerfallen, so daß die aufgenommenen Moleküle in den Raum innerhalb der Plasmahaut geraten (vgl. Abb. 1 c bei DANIELLI 1954). Anstatt einer Umdrehung wäre wohl auch eine entsprechende Umlagerung der Komponenten denkbar.

Ähnliche Gedanken sind in den letzten Jahren auch von anderen Seiten geäußert worden. So haben z. B. die von einer französischen mikrobiologischen Schule eingehend studierten Bakterienpermeasen viel Aufmerksamkeit erregt. Trotz ihrem Namen dienen die Permeasen nicht in erster Linie als eigentliche Permeationsbeschleuniger, sondern bewirken, an energieliefernde intrazellulare Systeme gekoppelt, eine metabolische Akkumulation von Zuckern und Aminosäuren. Doch sollen sie, wenn diese Koppelung etwa mittels Natriumazid oder 2, 4-Dinitrophenol aufgehoben wird, auch freiwillig verlaufende Permeationsprozesse katalytisch beschleunigen können. Besonders kennzeichnend für die Permeasen ist die scharfe Stereospezifität ihrer Wirkung. Ihre Proteinnatur gilt als sichergestellt. Eine gute Übersicht über die bisherigen Forschungen auf diesem Gebiet vermittelt ein Sammelreferat von COHEN und MONOD (1957). Interessante Vorstellungen über die Beteiligung von gewissen Enzymen an dem Stoffdurchtritt durch die Zellgrenzschichten der Bakterien haben auch MITCHELL und MOYLE (1958) entwickelt. Übrigens ist es kürzlich gelungen, künstliche Membranen herzustellen, die zwischen optischen Antipoden unterscheiden können. Es handelt sich dabei um Kollodiummembranen, in die Alkaloide oder andere optisch aktive Basen eingebaut waren, was zur Folge hatte, daß von DL-Weinsäure nur das D-Enantiomere durchgelassen wurde, während die L-Form mit der Membranbase ein Salz bildete (KLINGMÜLLER und GEDENK 1957).

Faßt man den Begriff der bevorzugten Permeation sehr weit, kann man darunter auch allerhand weniger spezifisch wirkende Substanzen oder Strukturen mit einbegreifen. So könnten z. B. saure Lipoide, welche die Löslichkeit schwach basischer Verbindungen in der Lipoidschicht der Plasmahaut erhöhen, als sehr schwach spezifische „Träger" angesehen werden, die die Permeation von Amiden und anderen Basen erleichtern. Vgl. auch STEIN und DANIELLI (1956) sowie die anschließenden Diskussionsbemerkungen von MITCHELL und anderen.

Wie weit verbreitet die Phänomene der bevorzugten Permeation sind, läßt sich vorläufig nicht übersehen. Auch sonst steht die Erforschung dieser Art der Permeation offenbar noch ganz in ihrem ersten Anfang.

XVII. Rückblick und Ausblick

Die Geschichte der Permeabilitätsforschung beginnt mit der Aufstellung einer Anzahl gegeneinander scharf abgegrenzter, ja einander scheinbar ganz ausschließender Theorien. Kennzeichnend für jene Theorien war ihre große Sinnbildlichkeit. Es wurde mit Begriffen, Formeln und Vorstellungen operiert, die ganz überwiegend unserer gewohnten Makrowelt entstammten. Man sprach von Diffusionsvorgängen entweder in einer als selektives Lösungsmittel fungierenden Lipoidphase oder aber in feinen, wassererfüllten Kanälchen oder Poren. Die permeierenden Moleküle wurden meistens einfach als Kügelchen dargestellt. Nur in dem Maße, wie man es gelernt hat, den gewaltigen Aufschwung der physikalischen Chemie für das Verständnis der Permeationsvorgänge nutzbar zu machen, ist man später allmählich von dieser primitiven Begriffsbildung losgekommen. Aber immer noch spukt sie vielfach im Hintergrunde — die Biologen sind ja meistens nicht so beschlagen in physikalisch-chemischen Dingen, wie sie es eigentlich sein sollten, um die komplizierten Vorgänge der Zellpermeation vollauf zu verstehen.

Unter solchen Umständen ist es begreiflich, daß keine der ursprünglichen Permeabilitätstheorien ein in j e d e r Hinsicht befriedigendes Bild von dem Permeationsgeschehen geben konnten. Das schließt aber nicht aus, daß die meisten, wenn nicht alle jene Theorien, einen Kern der Wahrheit enthielten.

Nicht ohne Grund ist darauf hingewiesen worden (Gessner 1937), daß die Entwicklung der Permeabilitätstheorien ein schönes Beispiel darstellt von dem bekannten Hegelschen Schema: Thesis — Antithesis — Synthesis. Die Lipoidtheorie entspricht hier der Thesis, die Ultrafiltertheorie der Antithesis, während die Lipoidfiltertheorie gewissermaßen der Synthesis entsprechen würde. Dabei ist allerdings zu betonen, daß die Lipoidfiltertheorie in der Fassung, in der sie vor etwa drei Jahrzehnten aufgestellt wurde, eigentlich nur einen ersten Versuch der Synthesis darstellte, und zwar einen Versuch, dessen Unzulänglichkeit heute an wichtigen Punkten in die Augen springt. Tatsächlich ist die endgültige Synthesis auf diesem Gebiet immer noch ein unerreichtes Ziel.

Jedenfalls ist es auffallend, daß sich die ursprünglich so scharfen Grenzen zwischen den verschiedenen Permeabilitätstheorien im Laufe der Entwicklung immer mehr verwischt haben, was u. a. zur Folge gehabt hat, daß die noch vor einigen Jahrzehnten so stark polemischen Auseinandersetzungen zwischen den Vertretern der verschiedenen Schulen immer ruhiger geworden sind, wenn auch in bezug auf viele Einzelheiten — wie auch aus der vorliegenden Schrift hervorgeht — recht große Meinungsunterschiede immer noch bestehen.

So dürfte es allmählich an der Zeit sein, die alten „Parteibezeichnungen" auf diesem Gebiet fallen zu lassen. Heute spricht man ja nur selten — außer in geschichtlichen Darstellungen — etwa von der Mutationstheorie oder von der Zuchtwahltheorie, eben weil es allen Biologen eine Selbstverständlichkeit ist, daß sowohl Mutationen wie natürliche Zuchtwahl wichtige Faktoren bei der organischen Entwicklung darstellen. Ebenso scheint die Zeit schon da zu sein, die altehrwürdigen Permeabilitätstheorien in das Museum der Wissenschaftsgeschichte zu befördern. Sie waren zwar einst als solche von Bedeutung, im Laufe der Zeiten sind sie aber immer mehr, einander gegenseitig ergänzend und begrenzend, in eine höhere Einheit, in eine allgemeine Theorie der Protoplasmapermeabilität, aufgegangen.

Heute kommt es somit nicht mehr darauf an, etwa zwischen Lipoid-, Ultrafilter-, Lipoidfilter-, Potentialschwellen- oder sonst irgendwelchen einzelnen Permeabilitätstheorien zu wählen, sondern die Aufgabe von heute besteht darin, die Synthese der wertvollen Elemente jener Theorien so durchzuführen und zu vertiefen, daß sich daraus ein möglichst treues Bild davon ergibt, was eigentlich bei der Permeation durch die lebenden Protoplasten geschieht. Diese Synthese mit einem besonderen Namen zu belegen, wäre offenbar sinnlos: handelt es sich doch hierbei einfach um d i e T h e o - r i e der Protoplasmapermeabilität.

Im folgenden soll nun ein Versuch gemacht werden, gewisse Aspekte dieser Theorie in ganz groben Umrissen zu skizzieren. Allerdings werden wir dabei neben solchem, das heute allgemein anerkannt ist, auch viele recht subjektive Gesichtspunkte bringen, über deren Wert erst die Zukunft endgültig urteilen kann. Und in sehr vielen Punkten werden wir uns damit begnügen müssen, auf bestimmte Probleme hinzuweisen, ohne sie lösen zu können.

Wohl das erste, was zu betonen ist, wenn von der Zellpermeabilität gesprochen wird, ist die bereits von OVERTON entdeckte überraschend große E i n h e i t l i c h k e i t der Permeabilitätseigenschaften der verschiedenartigsten Zellen bei den verschiedenartigsten Organismen von den Bakterien angefangen bis zu den Säugetieren und Blütenpflanzen hinauf.

Diese Einheitlichkeit im großen und ganzen schließt allerdings nicht aus, daß auch deutliche Permeabilitäts u n t e r s c h i e d e zwischen verschiedenen Zelltypen vorkommen. Diese Unterschiede sind jedoch, wenigstens in der großen Mehrzahl der Fälle, als relativ unbedeutend zu bezeichnen, besonders wenn man die starke Differenziertheit der Zellen sowohl in anatomischer wie auch in physiologischer Hinsicht in Betracht zieht. Die Erklärung hierzu liegt wohl vor allem darin, daß für die funktionelle Spezialisierung verschiedener Zellen ihre Permeabilitätseigenschaften letzten Endes keine sehr große Rolle spielen, verglichen mit ihrer Befähigung zu allerhand aktiven Transportleistungen, die sehr spezieller Natur sein können, die uns aber in diesem Zusammenhang nichts angehen.

Wir fragen uns jetzt, welche Mittel es überhaupt gibt, deren die Organismen sich bedienen könnten, um die von der Permeabilitätsforschung nachgewiesene sehr effektive Abdichtung ihrer Plasmagrenzflächen zu bewirken.

Eine dichte Packung von irgendwelchen polaren Bausteinen, etwa Proteinen oder dgl., kommt in einer wässerigen Umgebung offenbar nicht in Frage, da das Hydratationswasser ein genügend dichtes Gefüge eines solchen Systems unmöglich macht. So quillt z. B. selbst das kovalent vernetzte Keratin merkbar in Wasser auf und wird dabei für gelöste Stoffe durchlässig. Dagegen bleibt eine Lipoidschicht bzw. eine Lipoidausfüllung dicht ohne starke laterale Bindungen, die die Dehnbarkeit oder sonstige Umwandelbarkeit der Plasmahaut beeinträchtigen würden. Die Lipoidschicht vermag nur sehr kleine Wassermengen aufzulösen, und die Gefahr der Dispersion oder einer nennenswerten Quellung ist im Falle der Lipoide nicht vorhanden. Wir gelangen somit auf diesem Wege fast zwangsläufig zu dem Schluß, daß es eben irgendwelche Lipoide im weitesten Sinne des Wortes (einschließlich Lipoproteide u. dgl.) sind, die die Zellen als Abdichtungsmittel ihrer Grenzschichten nötig haben. Zu demselben Schluß war ja bereits OVERTON gelangt auf Grund der Beobachtung, daß der große Permeationswiderstand der Zellgrenzschichten eben stark hydrophilen, d. h.

in Lipoiden fast unlöslichen Stoffen gegenüber, nicht dagegen lipoidlöslichen Stoffen gegenüber sich bemerkbar macht.

Wie die diffusionshemmenden Protoplastengrenzschichten im einzelnen gebaut sind, bleibt ein Problem der Strukturforschung (vgl. Kapitel XI). Rein theoretisch gelangt man jedoch zu dem Schluß, daß etwa die folgenden Faktoren für die Permeabilität bzw. für die Isolierkraft der Plasmahäute entscheidend sein dürften:

1. die Dicke der Plasmahaut,

2. die Herabsetzung der Anzahl der permeierenden Moleküle in der Plasmahaut und

3. die Erniedrigung ihrer Wanderungsgeschwindigkeit daselbst [6].

Die Schätzungen der Dicke der Plasmahäute gründen sich auf recht unsichere Voraussetzungen. Meistens rechnet man wohl damit, daß der Lipoidanteil der Plasmahäute eine Dicke von rund 50 bis 200 Å besitzt, wozu aber für die Abdichtung weniger bedeutsame Proteinschichten hinzukommen können. Jedenfalls dürfte es klar sein, daß die osmotisch maßgebenden Zellgrenzschichten sehr viel dünner sind als etwa Kollodium-, Zellophan- und andere künstliche Membranen, deren Permeabilität vielfach studiert worden ist. Der Widerstand pro Dickeneinheit ist also bei den Zellgrenzschichten ganz besonders groß, was die Bedeutung der Faktoren 2 und 3 stark hervorhebt.

Die Einschränkung der Anzahl der jeweils permeierenden Moleküle kann in zwei verschiedenen Weisen geschehen, nämlich entweder (2 a) durch Reduktion des gesamten Querschnittareals der Diffusionswege oder aber (2 b) durch Erniedrigung der Konzentration der permeierenden Substanz im Diffusionsmedium. Man erkennt hier die alten Permeabilitätstheorien: die Lipoidtheorie legt das Hauptgewicht auf den Faktor 2 b, die Ultrafiltertheorie auf 2 a.

Die Bedeutung des Faktors 3 wurde besonders durch die Betrachtungen von Zwolinski und Mitarb. (1949) aktuell: nach ihnen soll ja der Diffusionswiderstand im Innern der Plasmahaut sehr groß sein. Auch Bogen (1956 c) bezeichnet die Permeation als eine behinderte Diffusion, bei der die zwischen Grenzschichtmolekülen und durchtretenden Molekülen wirksamen zwischenmolekularen Kräfte in entscheidender Weise die Geschwindigkeit des Vorganges bestimmen sollen.

Tatsächlich dürften sowohl die Faktoren 2 b und 3, meistens wohl aber auch der Faktor 2 a mit im Spiele sein. Große, undurchdringliche Strukturelemente, wie etwa Proteinmoleküle, können nämlich das Permeationsareal einschränken, während Lipoide gleichzeitig dank ihrer Hydrophobie die Konzentration der hydrophilen Moleküle in der Plasmahaut herabsetzen und dank ihrer hohen Viskosität die Bewegungsgeschwindigkeit der einzelnen permeierenden Moleküle vermindern. Eben diese doppelte Wirkungs-

---

[6] Gewissermaßen eine vierte Denkmöglichkeit stellt die Annahme Daniellis dar, wonach die Geschwindigkeit der Permeation in erster Linie von dem Übertritt aus der Wasserphase in die Lipoidphase abhängig sei. Diese Möglichkeit ist bereits im Abschnitt XII eingehend diskutiert worden.

weise der Lipoide macht es verständlich, wie bereits eine äußerst dünne Schicht derselben die Diffusion hydrophiler Stoffe so stark hemmen kann. Die Gesamtwirkung ist nämlich hier gleich dem Produkt aus den beiden schon an sich effektiven Teilwirkungen. (Nehmen wir also z. B. an, daß die relative Lipoidlöslichkeit eines permeierenden Stoffes 0,001 beträgt und daß die Viskosität der Plasmahautlipoide 100mal größer als die des Wassers ist, so hat dies somit zur Folge, daß die Lipoidschicht die Permeation um das 100.000fache verlangsamt.)

Die Permeation durch die Lipoidschicht der Plasmahaut wird gewöhnlich als Diffusion in gelöstem Zustande bezeichnet. Wie aber u. a. Bogen (1956 a) mit Recht bemerkt hat, darf dieser Ausdruck in dem vorliegenden Falle nicht gar zu wörtlich verstanden werden, denn das Plasmahautlipoid besitzt zweifellos eine wesentlich andersartige Struktur als das Innere einer dickeren Ölschicht. Nur der Anschaulichkeit und Kürze halber erscheint es berechtigt, die zwischen die Lipoidmoleküle eingedrungenen Moleküle einfach als „in Lipoid gelöst" zu bezeichnen.

Daß es sich bei der Permeation nicht um ein ganz gewöhnliches „Hindurchlösen" handelt, geht wohl am klarsten daraus hervor, daß die Geschwindigkeit des Permeationsvorganges so stark von der Größe der permeierenden Moleküle abhängig ist: ist sie doch in den bisher am genauesten untersuchten Fällen meistens etwa der 1,5-ten Potenz des Molekulargewichts umgekehrt proportional, während die Permeation der kleinsten Moleküle noch viel stärker gefördert ist, als diesem Ausdruck entsprechen würde (Collander 1954). Dies sind Werte, die von den entsprechenden Werten bei gewöhnlicher „freier" Diffusion stark abweichen und zu der Annahme einer Ultrafilterstruktur oder wenigstens einer Ultrafilterwirkung der Plasmahaut einladen.

Die theoretische Deutung dieser Befunde muß leider, wie bereits angedeutet, sehr hypothetisch und sehr lückenhaft bleiben. Es handelt sich nämlich bei der wenigstens teilweise aus regelmäßig orientierten Lipoidmolekülen aufgebauten Plasmahaut um einen Zustand der Materie, der Kennzeichen des festen und des flüssigen Aggregationszustandes in höchst eigenartiger Weise kombiniert enthält. Das Problem der Plasmahautpermeabilität ist somit ein Spezialfall der noch verhältnismäßig mangelhaft bearbeiteten Lehre von der Diffusion in anisotropen, fest-flüssigen Medien, wobei als weitere Komplikationen hinzukommen, daß weder die chemische Zusammensetzung noch die physikalische Struktur dieses Mediums genau bekannt sind. Es handelt sich also um ein Problem mit zahlreichen Unbekannten. Es ist daher bis jetzt ausgeschlossen, die hier in Frage stehenden Prozesse in wirklich befriedigender Weise zu behandeln. Das mag die aphoristisch-unbestimmte Natur der nachfolgenden Betrachtungen wenigstens teilweise entschuldigen.

Die Plasmahautlipoide sind, als Ganzes genommen, sauerstoffhaltig, ungesättigt und bestehen größtenteils aus recht langen Kohlenwasserstoffketten — dies alles in Übereinstimmung mit der üblichen Modellsubstanz, dem Olivenöl. Die Permeabilitätstheorien gründen sich hauptsächlich auf Versuche mit Nichtleitern mäßiger Molekülgröße (M meistens etwa 18 bis

250) und geringer Öllöslichkeit (Verteilungskoeffizient Olivenöl/Wasser meist unterhalb 0,1). Diese Moleküle enthalten immer wenigstens eine, meist jedoch mehrere ausgesprochen polare Gruppen. Wir betrachten jetzt die Aufnahme solcher Moleküle aus Wasser in Olivenöl. Es liege das Öl das eine Mal in einem Scheidetrichter, das andere Mal als eine etwa bimolekulare Schicht in der Plasmahaut vor.

Im erstgenannten Fall wird die Hydratationshülle der übertretenden Moleküle gegen eine organische Solvathülle ausgetauscht, was teils durch Sicheinfügen der aufgenommenen Moleküle in die Struktur des Öls [7], teils durch Orientierung der Ölmoleküle geschieht. Ein einfaches, kleines Molekül mit einer endständigen polaren Gruppe ist leicht einzufügen, ein größeres Molekül mit mehreren polaren Gruppen verlangt dagegen eine tiefergreifende Umordnung der Ölstruktur, besonders wenn es steif und kompakt ist. Wesentlich bei dieser gegenseitigen Anpassung ist, daß die polaren Gruppen der gelösten Moleküle bevorzugt in der Nähe des Estersauerstoffs zu liegen kommen, während ihre apolaren Teile sich nach der quasi-kristallinen Ordnung der Paraffinketten richten. Dank der verhältnismäßig großen Freiheit der Ölmoleküle in bezug auf Lage, Richtung und Gestalt ist dieser Zustand, der dem Minimum an freier Energie entspricht, einigermaßen leicht erreichbar.

Anders verhält es sich mit der Plasmahaut. Die kleinsten permeierenden Moleküle werden sich allerdings auch hier etwa in derselben Weise unter einer geringen Umgestaltung der Struktur einpassen. Für die größeren dagegen sind die Bedingungen der Solvatation entschieden ungünstiger, da die begrenzt beweglichen Lösungsmittelmoleküle nur in beschränktem Maße dazu beitragen können. Eine vollständige Solvatation, die der niedrigsten Stufe der freien Energie entsprechen würde, ist nicht erreichbar, was sich (bei der Abwesenheit eventueller kompensierender Faktoren) als eine Herabsetzung des Verteilungskoeffizienten Lipoid/Wasser im Vergleich zu der in vitro bestimmten Öllöslichkeit äußert. Es ist also theoretisch denkbar, daß die Anisotropie schon an sich, ohne eigentliche Beschränkung des dem permeierenden Stoff zur Verfügung stehenden Raums eine löslichkeitsbedingte (scheinbare) „Ultrafilterwirkung" verursachen kann. Tatsächlich wird die Löslichkeit in den Plasmahautlipoiden jedoch auch von dem Raumbedarf der Moleküle beeinflußt. Es ist seit langem bekannt, daß expandierte Oberflächenfilme aus der unterliegenden Wasserphase gelöste Moleküle aufnehmen können, die bei Kompression wieder ausgetrieben werden. Stearatfilme werden bei Kompression sogar wasserdicht, während die mehr hydrophilen Lezithinfilme durchlässig bleiben (Sebba und Sutin 1952). An einem Träger verankerte Lipoide (z. B. Lipoproteide) mögen sich gegebenenfalls ähnlich einem komprimierten Film verhalten.

Wenn das permeierende Molekül — man denke etwa an ein Molekül des tert. Butanols

---

[7] Man nimmt heutzutage an, daß auch Flüssigkeiten von der Art des Olivenöls eine zwar unaufhörlich wechselnde aber trotzdem quasikristalline innere Struktur besitzen.

$$\begin{array}{c} CH_3 \\ | \\ H_3C - \overset{|}{\underset{|}{C}} - CH_3 \\ | \\ OH \end{array}$$

— wesentlich dicker und kürzer ist als die Fettsäureketten der Plasmahaut, dürfte die Aufnahme desselben mit besonderen Schwierigkeiten verknüpft sein. Abb. 8 gibt hiervon eine gewisse Vorstellung. In Abb. 8 *I* sieht man ein Molekül des primären, in 8 *II* wiederum ein Molekül des tertiären

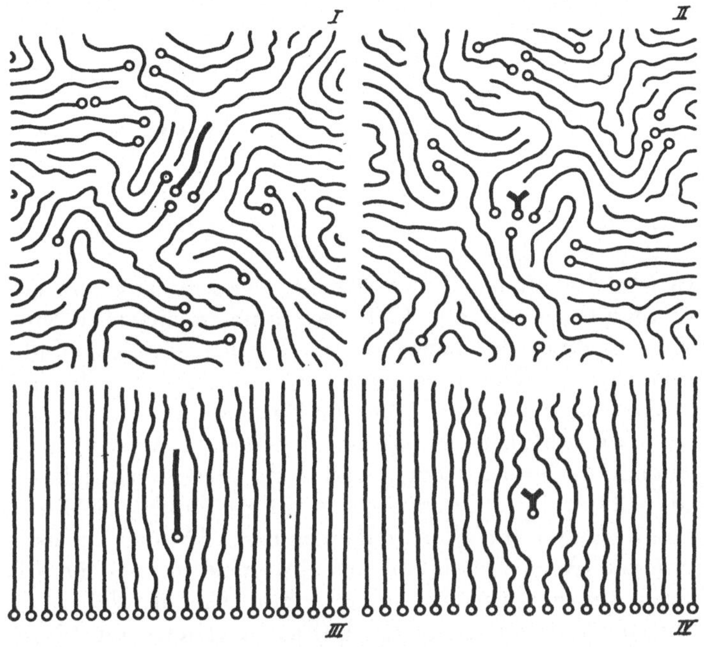

Abb. 8. Ein Molekül des primären (*I*) bzw. des tertiären (*II*) Butanols in einem isotropen, lipoiden Medium gelöst. *III* und *IV*: dieselben Moleküle in einer aus regelmäßig orientierten Lipoidmolekülen bestehenden Plasmahaut. Um das Molekül des tert. Butanols herum ein ausgesprochenes Störungsfeld, welches durch Hydratationswasser teilweise ausgeglichen ist.
(Schematisch. Original.)

Butanols in einem isotropen, lipoiden Medium gelöst. In beiden Fällen schmiegen sich die polaren Enden der Lipoidmoleküle den Butanolmolekülen an ohne sonstige Änderungen der quasi-kristallinen Struktur der Flüssigkeit. Ganz anders jedoch, wenn das Lösungsmittel, wie in den Abb. 8 *III* und 8 *IV* aus regelmäßig orientierten Lipoidmolekülen besteht. Das schmale, stabförmige Molekül des primären Butanols dringt zwar auch in diesem Fall ohne irgendwelche tiefgreifende Störungen in die Lipoidschicht ein, das sperrig gebaute Molekül des tertiären Butanols aber nicht. Wegen seiner Dicke hat es nämlich einen verhältnismäßig breiten Raum nötig, der jedoch wegen der Kürze dieses Moleküls zum großen Teil unbesetzt bleibt, sofern nicht, wie in Abb. 8 *IV* angedeutet, das Hydratationswasser des permeierenden Moleküls wenigstens teilweise mitfolgt. Wie sich die Energiebedingungen in derartigen Fällen im einzelnen gestalten, kann noch nicht vorausgesagt werden, daß aber der mit der Permeation sperriger Moleküle verknüpfte Energieaufwand c e t e r i s p a r i b u s wesentlich größer sein muß als bei der Permeation stabförmiger Moleküle, dürfte jedoch unzweifelhaft sein (vgl. Davies und Taylor 1957). Direkte diesbezügliche Versuchsdaten liegen zwar nur spärlich vor (Collander 1954, 1959 a), scheinen aber gut mit dem oben entwickelten Gedankengang zu harmonieren.

Bei der „freien" Diffusion in einer Flüssigkeit ist ein gelöstes Molekül lediglich ein Teilchen unter anderen. Es nimmt an der allgemeinen Unruhe und dem Platzwechsel teil. Gemäß dem Prinzip der Äquipartition der Energie führt es alle möglichen Bewegungen aus: Fortbewegung, Rotation und Änderung der räumlichen Gestaltung. Obwohl nur die Verschiebungen der Schwerpunkte der Moleküle sich als Diffusion wahrnehmen lassen, tragen auch die anderen Bewegungsformen dazu bei. So mögen z. B. zu Knickbewegungen befähigte Kettenmoleküle sich segmentweise vorwärtsschieben (Prager und Long 1951). Derlei Bewegungen, bei denen nicht die ganze Masse des Moleküls auf einmal in eine neue Gleichgewichtslage überführt wird, müssen eine relativ kleine Aktivierungsenergie haben. Es kann also die Verlagerung des Schwerpunktes leichter stattfinden, wenn sie auf mehrere Teilschritte verteilt ist. Da es sich bei der Diffusion um eine Relativbewegung handelt, die mit den Gefäßwandungen nichts zu tun hat, kann die Verschiebung eines der benachbarten Lösungsmittelmoleküle ebenfalls als ein Teilschritt in der entgegengesetzten Richtung aufgefaßt werden.

In der anisotropen Lipoidschicht der Plasmahaut sind die Bewegungen beschränkter und richtungsabhängiger. Rotation senkrecht zur Längsachse und weitgehendere Deformationen sind vermutlich stark gehemmt, so daß die Moleküle während des Durchgangs wohl großenteils gemäß der Lipoidstruktur orientiert und entfaltet bleiben müssen. Da das Diffusionsmedium nicht wie in einer freien Flüssigkeit aus einzelnen, in beliebigen Richtungen verschiebbaren Teilchen besteht, sondern ein zusammenhängendes Ganzes bildet, bleibt die Unterstützung der Diffusion seitens der Lipoidmoleküle mittelst dauernd bleibender Neuanpassungen ebenfalls im wesentlichen aus. Es mag eine ruckweise vor sich gehende, nahezu gleichzeitige Aufhebung der seitlichen Bindungen mit nachfolgender Wiederherstellung derselben in der neuen Gleichgewichtslage eine allgemeine Bewegungsart der permeierenden mittelgroßen Moleküle sein. Sie benötigt an sich schon eine viel stärkere Aktivierung als die Bewegung durch kleinere Teilschritte in der freien Flüssigkeit. Noch größere Bedeutung dürfte jedoch dem Raumbedarf der seitwärts sich verschiebenden Lipoidmoleküle zukommen. Da nämlich kein Leerraum zur Verfügung steht, muß in der Umgebung eine Verschiebung von vielen Lipoidmolekülen stattfinden, was nur im Zusammenhang mit einer außergewöhnlich starken Energieanhäufung eintreten kann. In den meisten Fällen dominiert vermutlich diese als eine hohe „Viskosität in seitlicher Richtung" aufzufassende Form des Widerstandes über die erstgenannte mehr reibungsartige.

Es verfügen bekanntlich alle Moleküle, einerlei ob sie groß oder klein sind, bei einer gegebenen Temperatur über dieselbe mittlere kinetische Energie. Ein größeres Molekül kann sich demnach nicht etwa mit größerer Wucht Weg bahnen als ein kleineres. Dagegen beansprucht es mehr Platz und ist im allgemeinen mit zahlreicheren Bindungen an seine Nachbarmoleküle gekettet, was seine Permeation entsprechend hemmt. Umgekehrt können kleinere Moleküle auch bescheidenere Lochbildungen für ihre Permeation ausnützen. Für sie bedeutet es daher keinen so großen Unterschied, ob das Diffusionsmedium ein flüssiges Öl oder eine Plasmahaut mit regelmäßig orientierten Molekülen ist. Es ist deshalb auch nicht verwunderlich, daß der Temperaturkoeffizient der Permeation bei kleinen Molekülen im allgemeinen kleiner ausfällt als bei größeren.

In ihrer Ruhelage liegen die Kohlenstoffatome der benachbarten Paraffinketten der Plasmahautlipoide nicht einander gegenüber, sondern miteinander alternierend. In der Mitte zwischen drei oder vier solchen Ketten bildet sich somit eine Art eckiger Wendeltreppe, die zwar nicht andauernd ihre Form unverändert beibehält, die aber immerhin die Fortbewegung permeierender Moleküle in kleineren Schritten, als dem Abstand zweier Kettenglieder entspricht, zuläßt. Unter anderen können schmale, annähernd axialsymmetrisch gebaute Moleküle, die zu Drehbewegungen um ihre Längsachse befähigt sind, sich wahrscheinlich durch solche Wendeltreppen „hindurchschrauben“.

Es kann sein, daß einige rätselhafte Eigentümlichkeiten in der Permeation des Harnstoffs und seiner Derivate zum Teil mit solchen Drehbewegungen zusammenhängen. Methylharnstoff permeiert in Pflanzenzellen oft nur etwas schneller, ausnahmsweise sogar langsamer als der deutlich weniger lipoidlösliche Harnstoff, was oft durch die Annahme einer Ultrafilterstruktur der Plasmahaut erklärt wird. Die Ergebnisse von Wartiovaara und Tikkanen (1951) sind jedoch mit der einfachen Ultrafilterhypothese schwer vereinbar. Sie fanden, daß die Temperaturkoeffizienten des Harnstoffs und des Sulfoharnstoffs auffallend niedrig, die des Methylharnstoffs und des Dimethylharnstoffs dagegen von der üblichen Größe waren. Die Variationen der absoluten Durchlässigkeiten der verschiedenen Zellobjekte zeigten gleichfalls Parallelismus zwischen Harnstoff und Sulfoharnstoff einerseits und zwischen den beiden Alkylharnstoffen andererseits, nicht aber zwischen Methyl- und Sulfoharnstoff, obwohl gerade die beiden letztgenannten sowohl hinsichtlich ihrer Lipoidlöslichkeit wie auch hinsichtlich ihrer Molekülgröße nahe übereinstimmen. Es scheint somit, daß nicht die Größe an sich, sondern eher die Struktur der Moleküle neben ihrer Lipoidlöslichkeit für ihr Permeationsverhalten ausschlaggebend ist.

Nimmt man an, daß die strukturell ähnlichen Moleküle des Harnstoffs und des Sulfoharnstoffs sich drehen, die der Alkylharnstoffe aber nicht, weil die Methylgruppen in die Wandung der „Schraubenmutter“ eingetrieben werden, so würden die kleineren Temperaturkoeffizienten der ersteren darauf beruhen, daß die in zwei Schritten geschehende Verschiebung des Moleküls über die Strecke zwischen zwei sukzessiven Kettenglieder einer geringeren Aktivierungsenergie bedarf als wenn, wie bei den Alkylharnstoffen, dieselbe Verschiebung in einem einzigen Sprung vollzogen werden muß. Die Permeation der zuletztgenannten ist daher *ceteris paribus* mehr gehemmt als die der nicht alkylierten Moleküle und zugleich mehr temperaturabhängig, so daß diese Art der „Ultrafilterwirkung“ bei höheren Temperaturen weniger ausgesprochen ist. Es ist übrigens durchaus denkbar, daß die Moleküle des Methylharnstoffs nicht nur bei höheren Temperaturen, sondern auch im Falle weniger dicht gebauter Lipoidschichten zu einer beträchtlichen Rotation befähigt sind, und umgekehrt mag die Drehung des ziemlich hochmolekularen Sulfoharnstoffs in dichteren Lipoiden merklich gedämpft sein. Kein Wunder also, daß die Permeation des Harnstoffs und seiner Derivate bei verschiedenen Zellobjekten ein beinahe verwirrend buntes Bild aufzeigt.

Statt kinetisch kann man die Permeation auch vom thermodynamischen Standpunkt aus behandeln. Die eben besprochenen Harnstoffverbindungen seien wieder als Beispiele gewählt. Auch ohne nähere Kenntnis der Orientierung und der Bewegungen der betreffenden Moleküle kann mit ziemlicher Sicherheit angenommen werden, daß im Verhältnis zu dem Zustand im flüssigen Öl die Anzahl der Freiheitsgrade beim Methylharnstoff mehr als bei dem Harnstoff in der Plasmahaut vermindert ist. Man hat also mit einer relativ höheren negativen Entropie bei der Lösung des Methylharnstoffs in der Plasmahaut zu rechnen, was den Verteilungskoeffizienten herabsetzt. Die Löslichkeiten von Harnstoff und Methylharnstoff in den aus streng orientierten Molekülen bestehenden Plasmahautlipoiden sind somit weniger verschieden als ihre Löslichkeiten in denselben Lipoiden, wenn diese als isotrope Flüssigkeit vorhanden sind.

Auch die niederen einwertigen Alkohole lassen eine genaue Proportionalität zwischen Öllöslichkeit und Permeationsvermögen vermissen. Wartiovaara (1950) sah hierin eine Folge der Trägheit der Orientierung der permeierenden Moleküle. Auch hier könnte man jedoch, wenn man so will, von einer Änderung der Löslichkeit in den Plasmahautlipoiden sprechen. Es bedeutet nämlich die Überführung von langen Molekülen in die anisotrope Phase eine größere Zunahme der Geordnetheit des Systems als die Überführung von kurzen. Wegen der mit der Anzahl der Kohlenstoffatome anfangs rasch, dann immer langsamer abnehmenden Entropie, welche eines Gegenstücks bei isotroper Lösung entbehrt, ist der Verteilungskoeffizient Plasmahautlipoid/Wasser im Verhältnis zu dem im System Öl/Wasser in entsprechender Weise relativ erniedrigt. Die ersten Glieder der homologen Reihe werden bevorzugt durchgelassen, besonders weil ihre Löslichkeit weniger herabgesetzt ist. Der gleichsinnig sich verändernde „Reibungswiderstand" der Kohlenstoffkette ist möglicherweise ein Faktor von kleinerer Bedeutung.

Bei komplizierter gebauten Molekülen ist die Abschätzung des Anteils ihrer Orientierung an dem Gesamtwiderstand durch die stärker hervortretende Wirkung anderer Faktoren erschwert. Im Prinzip hat man wohl immerhin mit ähnlichen Verhältnissen zu rechnen.

Wozu diese manchem Leser wohl viel zu theoretisch oder gar wirklichkeitsfremd anmutenden Ausführungen der letzten Seiten? Wir sind die ersten zuzugeben, daß es sich großenteils um bloße Andeutungen handelt, deren Wert einstweilen fraglich sein mag. Auf jeden Fall dürfen aber aus ihnen hervorgehen, daß die Permeation durch ein so eigenartiges Gebilde, wie die Plasmahaut es ist, ein wesentlich komplizierterer Vorgang ist als die gewöhnliche Diffusion in einem isotropen Medium. Dies zugegeben, ist es eigentlich eine Selbstverständlichkeit, daß solche vielgebrauchte Ausdrücke wie „Hindurchlösen durch die Lipoidschicht der Plasmahaut", „Ultrafilterwirkung" u. dgl. nur vereinfachende Approximationen sein können, die zwar brauchbar sein mögen, wenn es gilt, ein möglichst anschauliches Bild von den Permeationsvorgängen zu entwerfen, von denen wir aber nicht erwarten dürfen, daß sie uns ein exaktes Wissen davon vermitteln, was bei der Permeation durch die Plasmahaut im einzelnen geschieht.

Anhang

Die Verteilung gelöster Stoffe zwischen organischen Lösungsmitteln und Wasser

Im Abschnitt V/2 haben wir die Frage aufgeworfen, ob es möglich ist, die chemische Zusammensetzung der Plasmahautlipoide auf Grund ihres Lösungsvermögens verschiedenen Verbindungen gegenüber zu ermitteln. Um diese Frage beantworten zu können, ist es von Bedeutung zu wissen, was man bisher von der Verteilung gelöster Substanzen zwischen organischen Lösungsmitteln und Wasser ermittelt hat. Da hierüber für den Zellphysiologen geeignete Übersichten in der Literatur kaum vorliegen, dürfte es am Platze sein, dieses Problem hier anhangsweise etwas eingehender zu besprechen. Vgl. auch COLLANDER (1947, 1949), HECKER (1955), SCHAUER und BULIRSCH (1955), sowie SANDELL (1955, 1958).

A. Allgemeine Gesetzmäßigkeiten der Verteilung

Grundlegend für die Verteilung gelöster Stoffe zwischen zwei nicht vollständig mischbaren Lösungsmitteln ist der Verteilungssatz, zum erstenmal im Jahre 1891 von NERNST exakt formuliert. Er enthält zwei Aussagen:

1. Eine gelöste Substanz, die sich im Gleichgewicht mit zwei beschränkt mischbaren Phasen befindet, ist in einem konstanten, reproduzierbaren Verhältnis zwischen diesen Phasen verteilt. Das Verteilungsverhältnis hängt im Idealfall außer vom Lösungsmittelsystem nur von der Temperatur, nicht aber von der Konzentration der gelösten Substanz ab.

2. Bei Gegenwart mehrer Molekelarten in beiden Phasen verteilen sich die einzelnen Molekeln so, als ob die anderen nicht zugegen wären.

Als Kennzeichen der Verteilung gilt der Verteilungskoeffizient

$$K = \frac{c_1}{c_2}$$

wobei c_1 die Konzentration der gelösten Substanz in der einen Phase und c_2 ihre Konzentration in der anderen Phase bedeutet.

Zwischen Löslichkeit und Verteilung bestehen nahe Beziehungen. Das wird besonders deutlich, wenn man annimmt, daß die beiden Phasen gesättigt in bezug auf die sich verteilende Substanz sind, denn in diesem Falle wird ja der Verteilungskoeffizient einfach gleich dem Verhältnis der Löslichkeiten in den beiden Phasen.

Doch gehorcht die Verteilung wesentlich einfacheren Gesetzen als der Löslichkeit. Ein hübsches Beispiel hierfür bieten die aliphatischen Dicarbonsäuren (Abb. 9). Diejenigen Glieder der Oxalsäurereihe, die eine gerade Zahl von C-Atomen haben, sind verhältnismäßig schwer löslich, diejenigen mit einer ungeraden Zahl von C-Atomen dagegen leichter löslich. Die Löslichkeiten ändern sich also zickzackförmig innerhalb der Reihe, die Verteilungskoeffizienten steigen aber trotzdem stetig an.

Der Einfluß der Temperatur auf die Verteilung ist im allgemeinen nicht sehr groß, jedenfalls nicht so groß wie ihr Einfluß auf die Löslichkeit.

Wenn sich eine Substanz zwischen zwei Phasen verteilt, so ist, wie Frumkin (1925) bemerkt hat (vgl. auch Meyer und Hemmi 1935), der Verteilungskoeffizient

$$K = e^{W/RT}$$

oder, anders ausgedrückt,

$$\ln K = W/RT$$

wo W die Arbeit ist, die beim Überführen eines Mols der Substanz aus der einen Phase in die andere gewonnen wird, während e die Basis der natürlichen Logarithmen, R die Gaskonstante und T die absolute Temperatur darstellt. Die Arbeit W, die somit die Größe des Verteilungskoeffizienten bestimmt, ist direkt proportional der Resultanten aus allen verschiedenen Kräften, die bestrebt sind, die Moleküle der sich verteilenden Substanz in die eine oder andere Phase hinüberzuziehen.

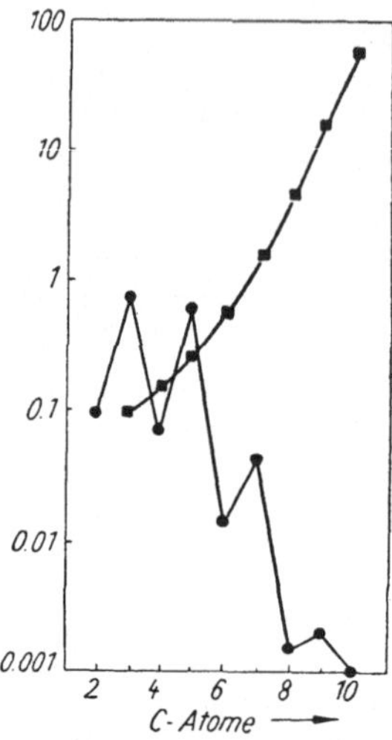

Abb. 9.
Wasserlöslichkeit (—●—) und Verteilungskoeffizient (—■—) im System Äther/Wasser für die aliphatischen Dicarbonsäuren. Ordinaten in logarithmischem Maßstab.
(Nach Hecker 1955.)

Welche sind denn diese die Verteilung bestimmenden Kräfte? Früher unter der Kollektivbezeichnung van der Waalssche Kräfte zusammengefaßt, lassen sie sich jetzt in mehrere Komponenten aufteilen, unter denen die folgenden drei für uns die wichtigsten sind:

1. Es gibt Moleküle, in denen die positive und negative Elektrizität derart ungleichmäßig verteilt ist, daß man innerhalb des Moleküls einen positiven und einen negativen Pol (oder auch mehrere positive und negative Pole) unterscheiden kann. Solche Moleküle oder Molekülbezirke — z. B. die OH-, COOH-, NH_2- oder CO-Gruppen — nennt man p o l a r. In einer Flüssigkeit sind die polaren Moleküle bestrebt, sich so zu orientieren, daß die entgegengesetzt geladenen Pole einander zugekehrt sind. Dies ermöglicht eine beträchtliche intermolekulare Attraktion.

2. Gewissermaßen einen Sonderfall dieser gegenseitigen elektrostatischen Anziehung polarer Moleküle stellen die sog. Wasserstoffbrücken oder Wasserstoffbindungen (H-Bindungen) dar (vgl. Cannon 1958). Hierunter versteht man die Erscheinung, daß ein H-Atom, das an ein stark elektronegatives Atom — in erster Linie O, N, F oder Cl — gebunden ist, ein zweites negatives Atom attrahieren kann. Ein auffälliges Beispiel hierfür bietet das Wasser (vgl. v. Erichsen 1955). Schon längst ist es aufgefallen, daß der Siedepunkt des Wassers „abnorm hoch" liegt, wie sich z. B. aus einem Vergleich mit der bei — 60° C siedenden analogen Verbindung Schwefelwasser-

stoff (H_2S) ergibt. Die Kohäsion, Oberflächenspannung und Verdampfungs-
wärme des Wassers sind gleichfalls auffallend groß. Alle diese Eigentümlichkeiten des Wassers werden verständlich, wenn man erfährt, daß die
Moleküle des flüssigen Wassers durch kräftige H-Bindungen in solcher
Weise miteinander verkettet sind, daß eine im einzelnen zwar ständig wechselnde, in ihren Grundzügen aber unveränderliche quasi-kristalline innere
Struktur entsteht. Diese Verkettung der Wassermoleküle kommt dadurch
zustande, daß die Wasserstoffatome jedes einzelnen Wassermoleküls nicht
allein von dem Sauerstoffatom des „eigenen" Moleküls festgehalten werden,
sondern zugleich auch von den Sauerstoffatomen benachbarter Wassermole-

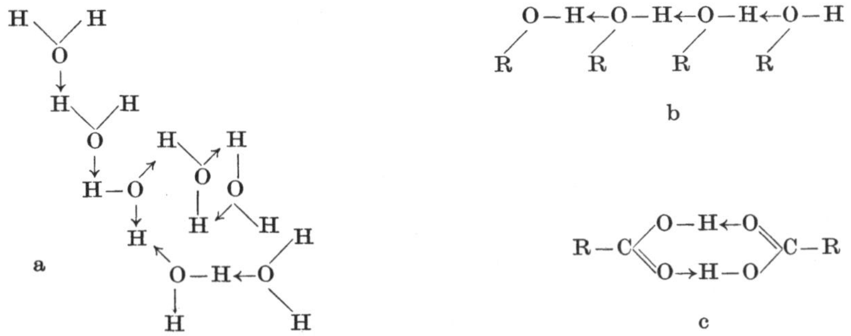

Abb. 10. Polymerisierung von (*a*) Wasser, (*b*) Alkoholen und (*c*) Carbonsäuren infolge der Bildung von Wasserstoffbindungen.
(Hauptsächlich nach EWELL und Mitarbeiter 1944.)

küle angezogen werden. Abb. 10 a zeigt schematisch die hieraus resultierende
netzartige Verkettung der Wassermoleküle. Analog hiermit sind Alkoholmoleküle durch H-Bindungen zu fadenförmigen Gebilden assoziiert (Fig.
10 *b*), während Carbonsäuren leicht Doppelmoleküle bilden (Fig. 10 *c*). Werden Alkohol oder Säure in Wasser gelöst, so bilden sich H-Bindungen zwischen den gelösten Molekülen und den Wassermolekülen aus. In wässeriger
Lösung kommen daher die in Fig. 10 *b* und 10 *c* abgebildeten Molekül-
assoziate nur in geringer Konzentration vor.

Nur ausnahmsweise kann ein an Kohlenstoff direkt gebundenes Wasser-
stoffatom an einer H-Bindung teilnehmen, nämlich wenn das betreffende
Kohlenstoffatom wie im Chloroform ($CHCl_3$) zwei oder drei stark negative
Atome bindet.

Die Elektronegativität der Atome nimmt in der bereits genannten Reihenfolge $O > N > F > Cl$ ab. In einer ähnlichen Reihenfolge nimmt auch die
Stärke der von ihnen verursachten H-Bindungen ab. So z. B. sind die folgenden verhältnismäßig kräftig: $O \ldots HO$, $N \ldots HO$, $O \ldots HN$. Schwächer
sind dagegen: $N \ldots HN$, $O \ldots HCCl_2$, $N \ldots HCCl_2$.

3. Auch zwischen ganz unpolaren Molekülen, z. B. Molekülen von Paraf-
finkohlenwasserstoffen, besteht eine gewisse Anziehungskraft, wie dies ja
ohne weiteres etwa aus der Kohäsion des flüssigen Paraffins hervorgeht.
Diese sog. D i s p e r s i o n s k r ä f t e oder LONDON-Kräfte sind aber immer
verhältnismäßig schwach.

Diese drei Kategorien von intermolekularen Kräften — und zwar vor allem eben die stärksten unter ihnen, d. h. die von den H-Bindungen herrührenden — sind es also, die die Verteilung gelöster Stoffe zwischen zwei Phasen bewirken. Dabei kommt es nicht allein auf die Attraktion zwischen den Molekülen der gelösten Substanz S und denen der beiden Lösungsmittel L_1 und L_2 an, sondern ebensosehr auf die Anziehungskräfte zwischen den L_1-Molekülen unter sich und zwischen den L_2-Molekülen unter sich.

Nehmen wir an, daß sich eine organische Verbindung S zwischen Wasser und einem nichtpolaren organischen Lösungsmittel verteilt. Je nach der Beschaffenheit der sich verteilenden Substanz können wir schematisch drei verschiedene Fälle unterscheiden: 1. S ist etwa ebenso polar oder noch stärker polar als das Wasser. Dann wird sie so fest in die Wasserphase eingebaut und dort festgehalten, daß ihre Konzentration in der organischen Phase fast 0 wird. Eben hierin zeigt sich die H y d r o p h i l i e stark polarer Verbindungen oder, anders ausgedrückt, ihre Affinität zu Wasser. 2. Die sich verteilende Substanz ist nicht polar. Dann werden die S-Moleküle nicht nennenswert von den Wassermolekülen angezogen. Im Gegenteil: die sich gegenseitig kräftig anziehenden Wassermoleküle quetschen gewissermaßen die ihnen fremden S-Moleküle aus ihrer Mitte heraus und in die organische Phase hinüber, wo ja der Zusammenhang zwischen den Molekülen ein viel lockerer ist. Diese Verdrängung der S-Moleküle aus der Wasserphase geschieht verständlicherweise um so vollständiger, je größer die S-Moleküle sind und je zahlreichere H-Bindungen somit gesprengt werden müßten, um einem S-Molekül Platz in der wässerigen Phase zu bereiten. Man versteht, daß derartige Moleküle allgemein als h y d r o p h o b bezeichnet werden, obwohl es vielleicht korrekter wäre, einfach von mangelnder Hydrophilie zu sprechen. 3. Die Mehrzahl der organischen Verbindungen enthält in ihren Molekülen sowohl hydrophile wie hydrophobe Anteile. Solche Stoffe verteilen sich zwischen den beiden Phasen in einer Weise, die der relativen Größe und Stärke ihrer hydrophilen und hydrophoben Bezirke entspricht, nämlich so, daß jede gelöste Substanz sich in derjenigen Phase ansammelt, mit der sie hinsichtlich ihres Hydrophiliegrades am nächsten übereinstimmt.

Die bisherige Schilderung hat vielleicht die Vorstellung erweckt, daß der rein quantitative Gegensatz zwischen stärker hydrophilen und schwächer oder gar nicht hydrophilen Molekülen der einzige Faktor sei, der die Verteilung gelöster Stoffe zwischen zwei Phasen bestimmt. Tatsächlich gibt es aber nicht nur quantitative, sondern auch qualitative Unterschiede hinsichtlich des Vermögens verschiedener Moleküle, H-Bindungen auszubilden, und auch diese qualitativen Gegensätze machen sich bei der Verteilung bemerkbar. Um dies zu verstehen, müssen wir ein wenig weiter ausgreifen.

Die Entstehung von H-Bindungen kann darauf zurückgeführt werden, daß ein stark negatives Atom, z. B. ein O-Atom, ein Elektron an ein H-Atom abtritt. Wir können somit das betreffende O-Atom als Elektronen- D o n a t o r, das betreffende H-Atom als Elektronen- A k z e p t o r bezeichnen. Oder nach einer anderen Terminologie: das Molekül, dessen O-Atom an der

H-Bindung beteiligt ist, verhält sich wie eine B a s e, das Molekül, dessen H-Atom beteiligt ist, dagegen wie eine S ä u r e. Wassermoleküle besitzen nun dank ihrem O-Atom basische, dank ihren H-Atomen dagegen saure Eigenschaften. Eben deshalb können sie sich mittels H-Bindungen so fest aneinander verketten. Ähnliches gilt z. B. für Alkohole. Äthermoleküle verhalten sich dagegen anders. Ihr O-Atom bewirkt bei ihnen Donator- (= basische) Eigenschaften, dagegen enthalten sie keine solche H-Atome, die Akzeptor- oder saure Eigenschaften besäßen. Äthermoleküle haben deshalb nicht die Fähigkeit, sich durch H-Bindungen mit anderen Äthermolekülen oder überhaupt mit anderen basischen Molekülen zu verbinden. Chloroform ($CHCl_3$) hat wiederum nur Akzeptor-, aber keine Donatoreigenschaften. Solche qualitativen Unterschiede machen sich, wie bereits angedeutet, auch bei den Verteilungsprozessen bemerkbar. Während aber, wie wir gesehen haben, der Hydrophilie-Hydrophobie-Gegensatz sich darin äußert, daß sich der gelöste Stoff in einer Phase ansammelt, die seinem eigenen Hydrophiliegrad möglichst nahe kommt, so macht sich der Donator-Akzeptor- oder Azidität-Basizität-Gegensatz dadurch bemerkbar, daß saure Stoffe bestrebt sind, sich in basischen Lösungsmitteln anzusammeln, basische Stoffe dagegen in sauren.

B. Beispiele von der Auswirkung der intermolekularen Kräfte bei der Verteilung

Nach diesen allgemeinen Ausführungen über die bei der Verteilung wirksamen Kräfte wollen wir jetzt an Hand einiger konkreter Beispiele betrachten, wie die obengenannten Faktoren realiter zur Auswirkung gelangen und miteinander interferieren. Dabei setzen wir immer voraus, daß eine Phase Wasser ist, während die andere eine mit Wasser nicht mischbare organische Verbindung, d. h. eine mehr oder weniger „fettartige" oder lipoide Flüssigkeit darstellt. Der Kürze halber wird sie im folgenden oft als ein „Öl" bezeichnet. Unter dem Verteilungskoeffizienten K verstehen wir immer die Verhältniszahl

Konzentration in der Ölphase/Konzentration in der wässerigen Phase,

nie das umgekehrte Verhältnis.

Die Verteilung ist selbstverständlich immer abhängig sowohl von der chemischen Natur der sich verteilenden Substanz wie von derjenigen der Lösungsmittel. Im folgenden betrachten wir zunächst vorwiegend den Einfluß des erstgenannten Faktors, dann den des letztgenannten.

a) Verteilung verschiedenartiger Stoffe

Innerhalb jeder homologen Reihe steigt der Verteilungskoeffizient regelmäßig mit der Anzahl der C-Atome im Molekül an, und zwar so, daß wenn die Länge der Kohlenstoffkette in arithmetischer Progression zunimmt, die Größe K annähernd in geometrischer Progression wächst. Die Erklärung hierfür ist nicht schwer zu finden. Mit jeder neu hinzukommenden CH_2-Gruppe vergrößert sich ja das Molekularvolumen um einen bestimmten

Betrag. Das bedeutet, daß für das Molekül ein gerade um diesen Betrag größerer Platz in der Wasserphase benötigt wird. Die Beschaffung dieses zusätzlichen Raumes setzt die Sprengung einer gewissen Anzahl von H-Bindungen zwischen den Wassermolekülen voraus, also eine gewisse

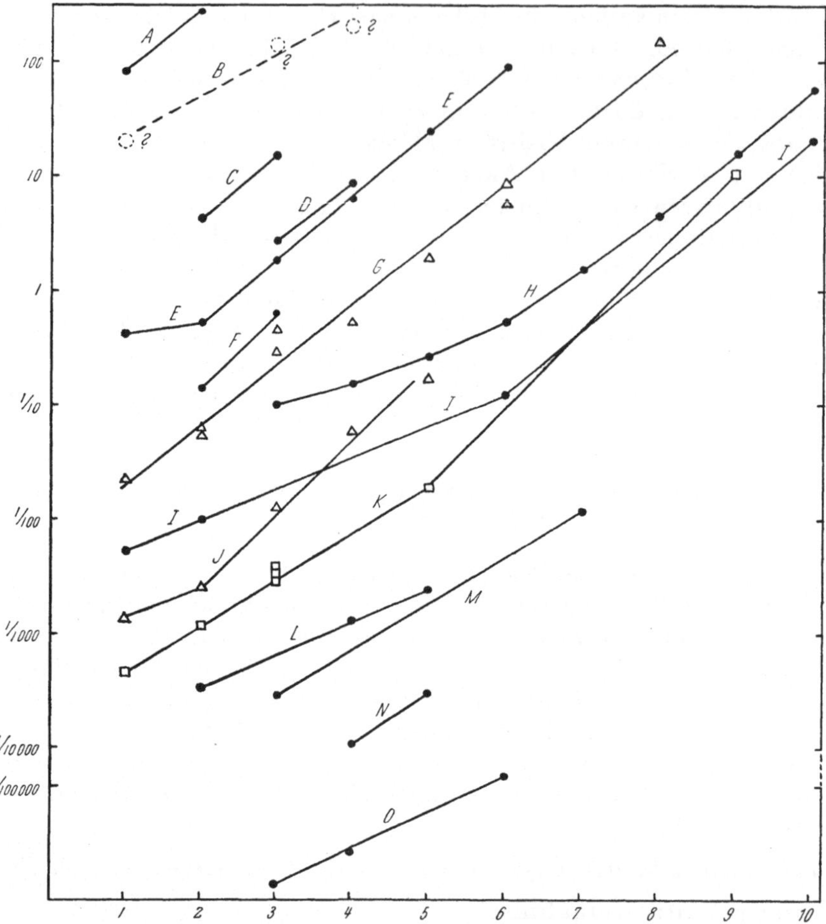

Abb. 11. Verteilung organischer Verbindungen zwischen Diäthyläther und Wasser. Ordinate (logarithmisch): Verteilungskoeffizient Äther/Wasser. Abszisse: Zahl der C-Atome im Molekül. *A* Alkyljodide, *B* Methankohlenwasserstoffe (unsichere Werte), *C* α-Bromfettsäuren, *D* Alkylacetate, *E* Fettsäuren, *F* Alkylcarbamate *G* Alkylamine, *H* Dicarbonsäuren, *I* Glykole, *J* Fettsäureamide, *K* (Alkyl-) Harnstoffe, *L* Diamine, *M* (Alkyl-) Malonamide, *N* vierwertige Alkohole, *O* α-Aminosäuren.
(Nach Collander 1949.)

chemische Mehrarbeit, wenn das betreffende Molekül aus der Ölphase in die Wasserphase transportiert werden soll. Bezeichnen wir mit Frumkin (1925) diese Mehrarbeit mit $W_{\mathrm{CH_2}}$, so muß für die Glieder einer homologen Reihe in erster Annäherung die Beziehung

$$W_n = W_1 + (n-1)\, W_{\mathrm{CH_2}}$$

gelten, wenn W_n die dem n-ten Glied entsprechende Arbeit ist. Und da nun, wie wir uns erinnern, K gleich $e^{\mathrm{W/RT}}$ ist, so folgt daraus ohne weiteres geometrische Progressivität der K-Werte. Und zwar sollte in allen homologen Reihen der Quotient dieser Progression denselben Wert haben.

Abb. 11 gibt u. a. die Möglichkeit, die Gültigkeit jener Behauptungen FRUMKINS zu prüfen. Diese Figur zeigt die Verteilung zahlreicher organischer Verbindungen zwischen Diäthyläther und Wasser. Die sich verteilenden Verbindungen sind von links nach rechts nach zunehmender Zahl der C-Atome im Molekül geordnet. Die Ordinate gibt die Verteilungskoeffizienten Äther/Wasser in logarithmischem Maßstabe an. Die zu derselben homologen Reihe gehörenden Verbindungen sind miteinander durch Linien verbunden.

Aus Fig. 11 ist ersichtlich, daß die die homologen Reihen bezeichnenden Linien ziemlich, aber doch nicht ganz gleichmäßig von links nach rechts ansteigen. Im Durchschnitt entspricht jeder neuen CH_2-Gruppe im Molekül eine Vergrößerung des K-Wertes um etwa das 3- bis 4fache. Die meisten Abweichungen von dieser Regel sind unschwer zu erklären. So beruht z. B. der abnorm hohe K-Wert der Oxalsäure wahrscheinlich darauf, daß sie in ätherischer Lösung eine größere Neigung zur Bildung von Doppelmolekülen hat als ihre Homologen.

Wenn man die der Fig. 11 zugrunde liegenden Daten mit ähnlichen ergänzt, die in jener graphischen Darstellung keinen Platz gefunden haben, so findet man, daß die relative Ätherlöslichkeit — gleich lange C-Ketten vorausgesetzt — etwa in folgender Reihenfolge abnimmt: 1. Alkylhalogenide, 2. Paraffinkohlenwasserstoffe, 3. Fettsäurealkylester (Alkyläther verhalten sich ähnlich), 4. Fettsäuren (einwertige Alkohole, Monaldehyde und Monoketone ungefähr ähnlich), 5. Alkylcarbamate, 6. Alkylamine, 7. Dicarbonsäuren, 8. Glykole und Fettsäureamide, 9. Harnstoff und Alkylharnstoffe, 10. Diamine, 11. Malonamid und dessen Homologe, 12. dreiwertige Alkohole (Glycerin), 13. vierwertige Alkohole (Erythrit), 14. Pentosen, 15. α-Aminosäuren, 16. Hexosen.

Wie ersichtlich, ist somit in erster Linie die A n z a h l der hydrophilen Substituenten für die Verteilung maßgebend, denn zuerst kommen Verbindungen ganz ohne hydrophile Gruppen und dann der Reihe nach solche mit einem, mit zwei, mit drei usw. hydrophilen Substituenten. Doch ist die Wirkung der einzelnen hydrophilen Gruppen nicht genau gleich groß: eine Äther- oder Esterbindung hat eine verhältnismäßig schwache Wirkung, eine Hydroxyl-, Carboxyl oder Aminogruppe wirkt kräftiger, noch kräftiger wirkt aber eine Säureamidgruppe. Außerdem ist der Effekt einer bestimmten hydrophilen Gruppe nicht immer auch nur annähernd gleich groß. Vielmehr gilt als allgemeine Regel, daß der Effekt einer neu hinzutretenden hydrophilen Gruppe um so schwächer ausfällt, je zahlreichere und je kräftiger wirkende hydrophile Gruppen das Molekül im voraus enthält. Dies ist nicht schwer zu erklären. Es gibt nämlich nicht nur intermolekulare, sondern auch intramolekulare H-Bindungen. Wenn nun eine hydrophile Gruppe an einer solchen Stelle in das Molekül eintritt, daß zwischen ihr und einer im Molekül im voraus enthaltenen ähnlichen Gruppe eine intramolekulare H-Bindung entstehen kann, so wird dadurch der nach außen hin sich geltend machende Effekt der Gruppen entsprechend schwächer ausfallen. Es ist daher verständlich, daß die Verteilung auch von der Lage der Substituenten im Molekül beeinflußt wird. Das zeigen u. a. die folgenden Verteilungskoeffizienten einiger Benzoesäurederivate im System Diäthyläther/Wasser:

o-Oxybenzoesäure	127	o-Aminobenzoesäure	27
m- „	21	m- „	1,5
p- „	26	p- „	7,6

Daß die Hydrophilie der o-Verbindungen in diesen Fällen so viel schwächer ist, beruht darauf, daß zwischen den beiden in o-Stellung zueinander stehenden hydrophilen Substituenten eine intramolekulare H-Bindung vorhanden ist, wogegen dies nicht gut möglich ist, falls die Substituenten in m- oder p-Stellung zueinander stehen (vgl. Jaffé 1957).

S. 76 wurde gesagt, daß sich Verbindungen, deren Moleküle sowohl hydrophile wie hydrophobe Anteile enthalten, in einer Weise verteilen, die der relativen Größe und Stärke ihrer hydrophilen und hydrophoben Bezirke entspricht. Eine solche Aussage kann leicht falsch verstanden werden. Betrachten wir etwa die Reihe Methanol—Äthylenglykol—Glycerin—Erythrit. In dieser Reihe bleibt das Verhältnis zwischen den hydrophilen und den hydrophoben Anteilen konstant, da ja die betreffenden Moleküle aus lauter —CHOH—-Gruppen ($+ 2 H$) bestehen. Trotzdem nimmt die Verteilung innerhalb der Reihe mit zunehmender Molekülgröße stark ab:

	Methanol	Äthylenglykol	Glycerin	Erythrit
$K_{\text{Äther/Wasser}}$	0,14	0,0053	0,00066	0,00011

Diese auf den ersten Blick vielleicht überraschende Tatsache erklärt sich daraus, daß jede neu hinzutretende OH-Gruppe den Verteilungskoeffizienten um etwa das 20- bis 100fache vermindert, wogegen jede neue CH-Gruppe ihn um etwa das 3—4fache vergrößert. Als Endresultat ergibt sich daher eine Verminderung des Verteilungskoeffizienten um etwa das 5- bis 25fache beim Hinzutreten jeder neuen CHOH-Gruppe.

Die I o n e n organischer Säuren und Basen sind dank ihrer elektrischen Ladungen so stark hydrophil, daß sie aus einer wässerigen Phase fast gar nicht in eine organische Phase hinübertreten. Daher kommt es, daß in Abb. 11 die Aminosäuren, die hauptsächlich als Zwitterionen in wässeriger Lösung vorhanden sind, zu den am allerwenigsten ätherlöslichen Verbindungen zählen. Aus analogen Gründen liefern schwach ionisierbare, ausgesprochen hydrophobe Farbbasen beim Sulfonieren fast ganz lipoidunlösliche Sulfosäurefarbstoffe. Auch die quaternären Ammoniumbasen, die ja zu den starken Elektrolyten gehören, sind beinahe unlöslich in hydrophoben Lösungsmitteln.

Gehen wir dann zu den a n o r g a n i s c h e n Verbindungen über, so ist zunächst festzustellen, daß die Ionen auch hier sehr stark hydrophil sind. Wenn trotzdem einige anorganische Salze wie z. B. $HgCl_2$ und CdJ_2 eine nicht ganz unbeträchtliche Lipoidlöslichkeit zeigen, so liegt dies somit daran, daß sie bei weitem nicht vollständig ionisiert sind.

Im Falle der anorganischen nichtionisierten Moleküle gibt es keine so klaren Beziehungen zwischen Verteilung und chemischer Konstitution wie bei den organischen Verbindungen. Doch kann man sagen, daß die Werte der Verteilungskoeffizienten bei den anorganischen Molekülen im allgemeinen innerhalb bedeutend engerer Grenzen variieren, als dies bei den organischen Molekülen der Fall ist: wenigstens nach den in Tab. 1 zusammengestellten Beispielen zu urteilen liegen die Verteilungskoeffizientenwerte der anorganischen Moleküle im System Äther/Wasser selten unterhalb 0,01 oder oberhalb 25.

Tab. 1. *Verteilungskoeffizienten* (abgerundet) *einiger anorganischer Nichtelektrolyte und schwacher Elektrolyte im System Diäthyläther/Wasser* (Zusammenstellung nach verschiedenen Quellen).

Verbindung	K	Verbindung	K
$NH_3 + NH_4OH$	0,007	H_2	10
H_2O	0,01	H_2S	12
H_3BO_3	0,02	HNO_2	13
H_2O_2	0,1	O_2	20
$SO_2 + H_2SO_3$	3	CO	23
$CO_2 + H_2CO_3$	7	N_2	25

Die Ursache hierzu scheint wenigstens teilweise die zu sein, daß ja die Moleküle anorganischer Verbindungen meistens relativ klein sind. Sie haben daher keine Möglichkeit, sich so fest in der Wasserphase zu verankern wie ein größeres Molekül mit zahlreicheren hydrophilen Gruppen. Und ebensowenig hat das Einkeilen solcher relativ kleiner Moleküle in die Wasserphase das Zerreißen sehr zahlreicher zwischen den Wassermolekülen bestehender H-Bindungen zur Folge.

Schließlich sei darauf hingewiesen, daß auch stark hydrophile anorganische Kationen Metallkomplexe (Metallchelate) bilden können, die in hydrophoben, organischen Lösungsmitteln löslich sind (vgl. HECKER 1955, S. 107). Es ist nicht undenkbar, daß dies auch physiologisch von Bedeutung sein kann. Es besteht nämlich die Möglichkeit, daß die „Carriers", die sich an der Ionenaufnahme der Protoplasten betätigen, nach diesem Prinzip arbeiten.

b) Die Abhängigkeit der Verteilung von der Natur der nichtwässerigen Phase

SANDELL (1958) gibt folgende Klassifizierung von Lösungsmitteln auf Grund ihrer Befähigung zur Bildung von H-Verbindungen (vgl. EWELL und Mitarb. 1944 sowie HECKER 1955, S. 102):

Klasse I. Verbindungen ohne oder mit sehr schwach wasserstoffbindenden Eigenschaften, d. h. Verbindungen ohne stark elektronendonierende Atome (Sauerstoff oder Stickstoff) und ohne aktive (= elektronenakzeptierende) Wasserstoffatome: gesättigte Kohlenwasserstoffe und halogenierte Kohlenwasserstoffe ohne aktiven Wasserstoff.

Klasse II. Verbindungen mit aktivem Wasserstoff, aber ohne Sauerstoff oder Stickstoff: u. a. halogenierte Kohlenwasserstoffe von dem Typus des Chloroforms.

Klasse III. Verbindungen mit Sauerstoff oder Stickstoff, aber ohne direkt an Sauerstoff gebundenen Wasserstoff: Äther, Ester, Ketone, Aldehyde, Amine und Amide.

Klasse IV. Verbindungen, in denen Wasserstoff direkt an Sauerstoff gebunden ist: Carbonsäure, Phenole, Alkohole.

Die Lösungsmittel der Klasse III nehmen besonders Verbindungen der II. (und IV.) Klasse auf, während umgekehrt Lösungsmittel der II. Klasse eine besondere Afffinität zu Substanzen der III. Klasse haben. Die Lösungsmittel der Klasse I sind durch extreme Hydrophobie ausgezeichnet. Selbstverständlich beeinflußt aber auch die Länge der Kohlenstoffkette den Hydrophobiegrad sämtlicher Verbindungen.

Abb. 12 veranschaulicht die Abhängigkeit der Verteilung von dem Hydrophobiegrade der nichtwässerigen Phase. Die zwei miteinander verglichenen nichtwässerigen Lösungsmittel, *iso*-Butanol und *sec.* Octanol unterscheiden sich hauptsächlich nur darin, daß die Kohlenwasserstoffkette des Octanols bedeutend länger als die des Butanols ist, was zur Folge hat, daß das Octanol als ganzes entsprechend hydrophober als Butanol ist. Wären die Verteilungskoeffizienten der 26 geprüften Substanzen dieselben in den beiden Systemen, würden sämtliche Punkte auf die Linie I fallen, die die Koordinatenachsen unter einem Winkel von 45° schneidet. Tatsächlich fällt aber die Mehrzahl derselben längs der bedeutend steileren Linie II

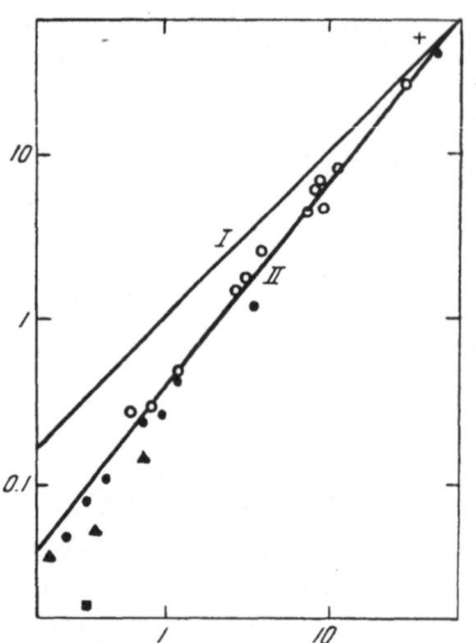

Abb. 12. Verteilung organischer Verbindungen in den Systemen *iso*-Butanol/Wasser (Abszisse) und *n*-Octylalkohol/Wasser (Ordinate). + bedeutet Verbindungen ohne hydrophile Gruppe, ○, ●, ▲, ■ solche mit einer, zwei, drei und vier hydrophilen Gruppen im Molekül. (Nach Collander 1951.)

als Zeichen davon, daß die Unterschiede zwischen den Verteilungskoeffizienten verschiedener gelöster Substanzen um so größer werden, je hydrophober das nichtwässerige Lösungsmittel ist, d. h. je größer der Unterschied zwischen wässeriger und nichtwässeriger Phase ist. Etwas mehr überraschend erscheint vielleicht zunächst der Befund, daß eben die Anzahl der hydrophilen Gruppen dafür ausschlaggebend ist, wie groß die Unterschiede zwischen den Verteilungskoeffizienten Butanol/Wasser einerseits und Octanol/Wasser andererseits sind. Doch läßt sich auch dies in einigermaßen plausibler Weise erklären. In einem so hydrophoben Medium, wie das Octanol es ist, werden sich nämlich die Moleküle der gelösten Substanzen in beträchtlichem Ausmaß mittels H-Bindungen zu Doppelmolekülen zusammenschließen. Die so entstehenden Doppelmoleküle sind natürlich immer weniger hydrophil als die ursprünglichen Einzelmoleküle. Wenn aber die betreffenden Moleküle mehrere hydrophile Gruppen enthalten, wird sich wahrscheinlich meistens nur je eine solche Gruppe pro Molekül an der Bildung der Doppelmoleküle beteiligen. Die anderen hydrophilen Gruppen verbleiben also unverändert und bewirken, daß die Hydrophilie weniger abnimmt als im Falle von Molekülen mit einer geringeren Anzahl von hydrophilen Gruppen.

Die in Abb. 13 miteinander verglichenen Lösungsmittel — *iso*-Butanol und Diäthyläther — unterscheiden sich in zweifacher Hinsicht voneinander. Erstens ist nämlich *iso*-Butanol stärker hydrophil als Diäthyläther. Dies zeigt sich u. a. darin, daß die Verteilungskoeffizientenwerte im System *iso*-Butanol/Wasser einander bedeutend näher liegen als die entsprechenden

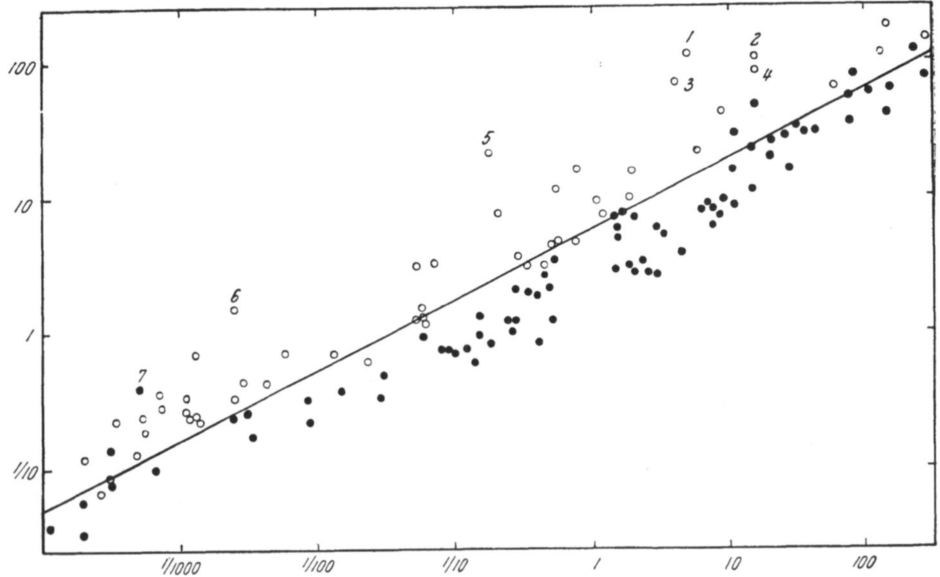

Abb. 13. Verteilung organischer Verbindungen in den Systemen *iso*-Butanol/Wasser (Ordinate) und Diäthyläther/Wasser (Abszisse). ● N-freie Verbindungen, Nitroverbindungen und neutrale Aminosäuren, ○ Amine, Imine und Amide. Extreme Punkte: *1* Neutralrot, *2* Thebain, *3* Atropin, *4* Di-*iso*-butylamin, *5* Brucin, *6* Pentamethylendiamin, *7* Salicin.
(Nach COLLANDER 1950.)

Werte im System Äther/Wasser. So verhalten sich die extremen K-Werte der geprüften Substanzen etwa wie 1 : 1,000.000 im letztgenannten System, dagegen etwa wie 1 : 10.000 im erstgenannten. Zweitens besteht aber der Unterschied, daß sich der Äther nur als Elektronendonator an H-Bindungen beteiligen kann, wogegen das Butanol sowohl Donator- wie Akzeptoreigenschaften besitzt. Dieser Unterschied zeigt sich darin, daß die sich auf primäre oder sekundäre Amine oder auf Säureamide beziehenden Punkte mit wenigen Ausnahmen unterhalb der Mittellinie liegen, die der anderen Substanzen dagegen oberhalb jener Linie. Anders ausgedrückt: die basischen Verbindungen haben *ceteris paribus* eine größere Neigung sich im Alkohol als im Äther anzusammeln.

C. Modelle der Plasmahautlipoide

Eine für die Theorie der Potoplasmapermeabilität wichtige Schlußfolgerung, die sich aus den mit verschiedenartigen „Ölen" ausgeführten Verteilungsversuchen ziehen läßt, ist die, daß sämtliche mit Wasser nicht mischbare organische Flüssigkeiten hinsichtlich ihres Lösungsvermögens recht weitgehend übereinstimmen. Die Übereinstimmung liegt vor allem darin, daß sie alle mehr oder weniger hydrophob sind — die Hydrophobie ist ja eben eine Voraussetzung für ihre Nichtmischbarkeit mit Wasser.

Trotz dieser prinzipiellen Ähnlichkeit bestehen, wie wir gesehen haben, doch auch recht auffallende Unterschiede zwischen ihnen. Diese Unterschiede sind hauptsächlich zweierlei Art. Sie betreffen nämlich teils den Grad ihrer Hydrophilie bzw. Hydrophobie und teils den Grad ihrer Azidität bzw. Basizität. Andere, mehr spezifische Unterschiede des Lösungsvermögens scheinen dagegen bei den organischen Flüssigkeiten eine verhältnismäßig geringe Rolle zu spielen.

Da nun mit den vermuteten Hauptbestandteilen der Plasmahäute (Phosphatiden, Sterinen usw.) saubere Verteilungsversuche nicht leicht auszuführen sind, liegt es nahe sich zu fragen, welche andere organische Verbindungen hinsichtlich ihres Lösungsvermögens geeignet wären, als „Modelle" der Plasmahautlipoide zu dienen.

Die beiden Lösungsmittel, die am häufigsten als derartige Modelle benutzt wurden, sind Diäthyläther und Olivenöl.

Die Beliebtheit des Äthers in dieser Hinsicht beruht jedoch nicht etwa darauf, daß man Veranlassung hätte anzunehmen, daß es betreffs seiner Lösungsmitteleigenschaften den Plasmahautlipoiden besonders nahe käme. Ausschlaggebend war vielmehr der rein praktische Umstand, daß die Verteilung im System Äther/Wasser verhältnismäßig bequem zu untersuchen ist, und daß diesbezügliche Verteilungskoeffizienten daher in großer Zahl in der Literatur vorliegen (vgl. z. B. Collander 1949). Wenn nun vielfach eine recht gute Korrelation zwischen der relativen Ätherlöslichkeit und dem Permeationsvermögen verschiedener Stoffe gefunden wurde, so bedeutet dies in erster Linie nur, daß — wie bereits erwähnt — die meisten mit Wasser nicht mischbaren organischen Lösungsmittel hinsichtlich ihres Lösungsvermögens weitgehend übereinstimmen und daß Diäthyläther in dieser Beziehung keine Ausnahme bildet.

Das Olivenöl hat den Nachteil, daß es ein Stoffgemisch ist, dessen Zusammensetzung nicht ganz konstant ist. Trotzdem ist die Verteilung gelöster Stoffe im System Olivenöl/Wasser besonders von Zellphysiologen und Pharmakologen recht viel untersucht worden (Overton 1899, 1901, 1902, 1907; H. Meyer 1899; K. H. Meyer und Hemmi 1935; Bodansky und Meigs 1932; Collander und Bärlund 1933; Macy 1948).

Abb. 14 zeigt die Beziehungen zwischen den Verteilungskoeffizienten in den Systemen Äther/Wasser und Olivenöl/Wasser für ungefähr ein Dutzend von homologen Serien. (In allem basiert die Darstellung in Fig. 14 auf den Verteilungsbestimmungen mit etwa 60 verschiedenen Verbindungen.) Wie ersichtlich, liegen die Koeffizienten $K_{Öl}$ alle niedriger als die entsprechenden $K_{Äther}$-Werte. Die Ursache hierzu ist wohl in erster Linie die, daß das Olivenöl ein etwas hydrophoberes Lösungsmittel als Diäthyläther ist, während alle Substanzen, auf deren Verteilung Fig. 14 sich bezieht, hinsichtlich ihrer Hydrophilie dem Äther näher als dem Olivenöl kommen. Das

Verhältnis $K_{Öl}/K_{Äther}$ wechselt jedoch, wie man sieht, beträchtlich. Verhältnismäßig klein ist der Unterschied zwischen $K_{Öl}$ und $K_{Äther}$ im Falle der Harnstoffe, der Fettsäureamide, der Urethane und überhaupt im Falle sämtlicher basischer Verbindungen. Ihre $K_{Öl}$-Werte sind nur etwa 2- bis 3mal kleiner als die entsprechenden $K_{Äther}$-Werte. Das rührt vermutlich hauptsächlich davon her, daß das Olivenöl eine geringe Menge freier Ölsäure enthält, die die betreffenden basischen Substanzen besonders reichlich aufnimmt. Gibt

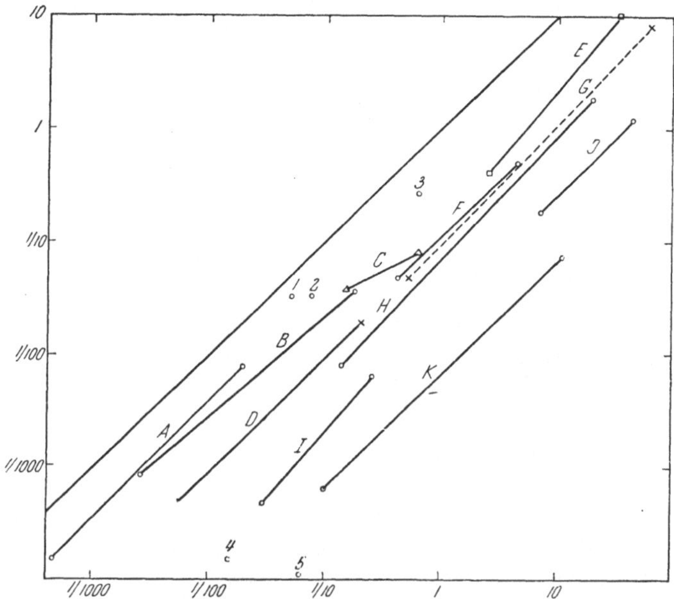

Abb. 14. Verteilung organischer Verbindungen in den Systemen Diäthyläther/Wasser (Abszisse) und Olivenöl/Wasser (Ordinate). *A* (Alkyl-) Harnstoffe, *B* Fettsäureamide, *C* Carbaminsäureester, *D* Glykole und Glykoläther, *E* Alkylfettsäureester, *F* Alkylcitrate, *G* Fettsäuren, *H* einwertige, aliphatische Alkohole, *I* Mono-oxyfettsäuren, *J* Monobromfettsäuren, *K* Dicarbonsäuren, *1* Caffein, *2* Antipyrin, *3* Pyramidon, *4* Äpfelsäure, *5* Tricarballylsäure.

(Original.)

man nämlich noch mehr Ölsäure zu dem Olivenöl hinzu, so wächst sein Aufnahmevermögen eben für die basischen Verbindungen beträchtlich (COLLANDER und BÄRLUND 1933). Dann folgen die Glykole, Glykolalkyläther, Alkylfettsäureester, Alkylcitrate, Fettsäuren und die einwertigen Alkohole. Ihre $K_{Öl}$-Werte sind etwa 3- bis 20mal kleiner als ihre $K_{Äther}$-Werte. Am größten ist der Unterschied zwischen der Öl- und Ätherlöslichkeit im Falle der Mono-oxyfettsäuren, der Monobromfettsäuren, der Dicarbonsäuren und der einzigen untersuchten Tricarbonsäure (Tricarballylsäure) deren $K_{Öl}$-Werte rund 30- bis 100mal kleiner als die $K_{Äther}$-Werte sind. Eine erschöpfende theoretische Erklärung dieser Befunde ist vorläufig nicht leicht.

Welche Flüssigkeit — Olivenöl oder Diäthyläther — stellt nun hinsichtlich ihres Lösungsvermögens ein besseres Modell der Plasmahautlipoide dar? Die bevorzugte Aufnahme der Amide und anderer schwach basischer Stoffe seitens des Olivenöls läßt eben dieses Lösungsmittel als das mehr „naturgetreue" Modell erscheinen, wenigstens sofern es sich um einen Vergleich mit dem „amidophilen" Permeabilitätstypus handelt. Wahrscheinlich haben Olivenöl und Plasmahautlipoide auch den etwas höheren Hydrophobiegrad gemeinsam. Dies alles schließt aber nicht aus, daß auch die meistens relativ einfache Bestimmung der Verteilungskoeffizienten Äther/Wasser vielfach genügt um zu entscheiden, ob eine Substanz A oder eine andere Substanz B in den Plasmahautlipoiden reichlicher löslich sind. So besonders dann, wenn sowohl A wie B entweder ganz neutrale oder gleich basische bzw. gleich saure Verbindungen sind.

Immerhin liegt es nahe sich zu fragen, ob nicht Flüssigkeiten zu finden sind, deren Lösungsvermögen demjenigen der Plasmahautlipoide noch näher kommen, als dies selbst beim Olivenöl der Fall ist. Ein paar diesbezügliche Vorschläge liegen tatsächlich in der Literatur vor.

Auf Grund von Studien über die Beziehungen zwischen narkotisierender Wirkung und Lipoidlöslichkeit kamen K. H. Meyer und Hemmi (1935) zu dem Ergebnis, daß Oleinalkohol ($C_{18}H_{35}OH$) ein besonders naturgetreuer Stellvertreter der Zell-Lipoide sei. Daß aber Oleinalkohol auch als Modell der die Permeabilität bestimmenden Plasmahautlipoide etwa dem Olivenöl überlegen wäre, ist bisher weder erwiesen worden noch sehr wahrscheinlich.

Ein anderer diesbezüglicher Vorschlag stammt von Nirenstein (1920). Bei seinen eingehenden Untersuchungen über die Vitalfärbung von *Paramaecium* kam er zu dem Ergebnis, daß die Anhäufung verschiedener Farbstoffe in diesem Organismus ihrer relativen Löslichkeit in einem aus Diamylamin, Ölsäure und Mandelöl bestehendem Gemisch parallel geht. Dabei befördert Diamylamin die Aufnahme saurer Farbstoffe, Ölsäure die der basischen Farbstoffe, während der Hauptbestandteil des Gemisches, das Mandelöl, einfach als ein neutrales, hydrophobes Lösungsmittel wirkt. Zu beachten ist aber, daß sich die Experimente Nirensteins eben auf die Speicherung der Farbstoffe, nicht aber direkt auf ihr Permeationsvermögen beziehen. Ob auch dieses ähnliche Beziehungen zur Löslichkeit in dem Nirensteinschen Gemisch aufzeigt, wissen wir nicht. Trotzdem haben die Ergebnisse Nirensteins einen großen Wert als Ausgangspunkt weiterer Untersuchungen, wobei u. a. auch die relativen Mengen der drei Komponenten des Gemisches variiert werden sollten. Bis jetzt sind nur vereinzelte Vorstöße in dieser Richtung gemacht worden (z. B. Höber und Pupilli 1931).

Booij und Bungenberg de Jong (1935, S. 133) machen darauf aufmerksam, daß Phosphatide, die ja sowohl saure wie basische Gruppen enthalten, ähnliche lösende Eigenschaften wie Nirensteins Gemisch haben dürften. Falls das Permeationsvermögen verschiedener Stoffe ihrer Löslichkeit in einem solchen Gemisch proportional ist, so spricht dies also ihres Erachtens indirekt für das Vorkommen von Phosphatiden in der Plasmahaut oder ist jedenfalls gut mit einem solchen Vorkommen vereinbar.

Zu bemerken ist aber, daß die Moleküle der Plasmahäute regelmäßig orientiert sein dürften. Bereits dieser Umstand dürfte bewirken, daß es unmöglich ist, isotrope Flüssigkeit zu finden, deren Lösungsvermögen mit demjenigen der Plasmahautlipoide identisch wäre.

Literatur

AMERONGEN, G. J. van, 1950: Influence of structure of elastomers on their permeability to gases. J. of Polymer Sci. 5, 307—332.

ARCHER, R. J., and V. H. LaMER, 1955: The rate of evaporation of water trough fatty acid monolayers. J. Physic. Chem. 59, 200—208.

ARGERSINGER, W. J., 1958: Ion exchange resins and membranes. Ann. Rev. Physic. Chem. 9, 157—178.

AUER, P. L., und E. W. MURBACH, 1954: Diffusion across an interface. J. Chem. Physics 22, 1054—1059.

AUSTIN, A. T., E. J. HARTUNG, and G. M. WILLIS, 1944: Studies in membrane permeability. Trans. Faraday Soc. 40, 520—530.

ÄYRÄPÄÄ, T., 1950: On the base permeability of yeast. Physiol. Plant. 3, 402—429.

BACHMANN, F., 1939: Zur Analyse der Permeabilitätsmessungen. I. Wasserpermeabilität. Planta 30, 224—251.

BANCHER, E., und K. HÖFLER 1959: Protoplasma und Zelle. Grundlagen der allgemeinen Vitalchemie, herausgeg. von H. Linser, Bd. VI. Wien—Innsbruck (Urban & Schwarzenberg).

BÄRLUND, H., 1929: Permeabilitätstudien an Epidermiszellen von *Rhoeo discolor*. Acta Bot. Fenn. 5, 1—117.

BARRER, M. R., 1942: Permeability in relation to viscosity and structure in rubber. Trans. Faraday Soc. 38, 322—330.

— 1949: Separations using zeolitic materials. Discuss. Faraday Soc. 7, 135—141.

BAZIN, S., 1947: Pénétration de quelques esters d'aminoalcools dans le suc vacuolaire de *Chara*. C. r. soc. biol. 141, 224—226.

BEISCHER, D., und G. OECHSEL, 1943: Über die Durchlässigkeit von Fettsäureaufbaufilmen für Moleküle und Ionen. Z. Elektrochem. 49, 310—315.

BĚLEHRÁDEK, J., 1935: Temperature and living matter. Berlin (Borntraeger).

BEUTNER, 1920: Die Entstehung elektrischer Ströme in lebenden Geweben. Stuttgart (F. Enke).

— 1933: Physical Chemistry of Living Tissues. Baltimore (Williams & Wilkins).

BLADERGROEN, W., 1955: Einführung in die Energetik und Kinetik biologischer Vorgänge. Basel (Wepf & Co.).

BOCHSLER, A., 1948: Die Wasserpermeabilität des Protoplasmas auf Grund des Fickschen Diffusionsgesetzes. Ber. Schweiz. Bot. Ges. 58, 73—122.

BODANSKY, M., and A. V. MEIGS, 1932: The distribution ratios of some fatty acids and their halogen derivatives between water and olive oil. J. Physic. Chem. 36, 814—818.

BOGEN, H. J., 1950: Kritische Untersuchungen über Permeabilitätsreihen. Planta 38, 65—90.

— 1956 a: Die Aufnahme der Anelektrolyte. Ruhlands Handbuch der Pflanzenphysiologie 2, 230—251. Berlin-Göttingen-Heidelberg (Springer).

— 1956 b: Objekttypen der Permeabilität. Ruhlands Handbuch der Pflanzenphysiologie 2, 426—438. Berlin-Göttingen-Heidelberg (Springer).

— 1956 c: Die Theorie der Permeabilität. Ruhlands Handbuch der Pflanzenphysiologie 2, 439—448. Berlin-Göttingen-Heidelberg (Springer).

— und FOLLMANN, G., 1955: Osmotische und nichtosmotische Stoffaufnahme bei Diatomeen. Planta 45, 125—146.

BOOIJ, H. L., 1949: The protoplasmic membrane regarded as a lipoprotein complex. Discuss. Faraday Soc. 6, 143—152.

BOOIJ, H. L., and H. G. BUNGENBERG DE JONG, 1956: Biocolloids and their interactions. Protoplasmatologia I/2. Wien (Springer).

BOLLEN, N., 1959: Diffusion durch Phasengrenzen. Z. physik. Chem., N. F. 21, 130—132.

BRIGGS, G. E., A. B. HOPE, and M. G. PITMAN, 1958: Exchangeable ions in beet disks at low temperature. J. Exp. Bot. 9, 128—141.

— and R. N. ROBERTSON, 1957: Apparent free space. Ann. Rev. Plant Physiol. 8, 11—30.

BRINTZINGER, H., und H. BEIER, 1937: Die Diasolyse. Kolloid.-Z. 79, 324—331.

BURGEN, A. S. V., 1956: The secretion of non-electrolytes in the parotid saliva. J. Cell. Comp. Physiol. 48, 113—138.

CANNON, C. G., 1958: The nature of hydrogen bonding. Spectrochim. Acta 10, 341—368.

Carr, C. W., D. Anderson, and I. Miller, 1957: Graded collodion membranes for separation of small molecules. Science 125, 1245—1246.
— and K. Sollner, 1943: Water uptake and swelling of collodion membranes in water and solutions of strong electrolytes. J. Gen. Physiol. 27, 77—89.
Chambers, R., 1922: A micro injection study on the permeability of the starfish egg. J. Gen. Physiol. 5, 189—193.
— 1949: Micrurgical studies on protoplasm. Biol. Rev. 24, 246-265.
— and K. Höfler, 1931: Micrurgical studies on the tonoplast of *Allium cepa*. Protoplasma 12, 338—355.
Chang, P., and C. R. Wilke, 1955: Some measurements of diffusion in liquids. J. Physic. Chem. 59, 592—596.
Cohen, G. N., and J. Monod, 1957: Bacterial permeases. Bact. Rev. 21, 169—194.
Collander, R., 1924: Über die Durchlässigkeit der Kupferferrozyanidniederschlagsmembran für Nichtelektrolyte. Kolloid. Beih. 19, 72—105.
— 1925: Über die Durchlässigkeit der Kupferferrozyanidmembran für Säuren nebst Bemerkungen zur Ultrafilterfunktion des Protoplasmas. Kolloid.-Beih. 20, 273—287.
— 1926: Über die Permeabilität von Kollodiummembranen. Soc. Scient. Fenn. Comment. Biol. 2, Nr. 6, 1—48.
— 1937: The permeability of plant protoplasts to non-electrolytes. Trans. Faraday Soc. 33, 985—990.
— 1947: On „lipoid solubility". Acta Physiol. Scand. 13, 363—381.
— 1949 a: Die Verteilung organischer Verbindungen zwischen Äther und Wasser. Acta Chem. Scand. 3, 717—747.
— 1950: The distribution of organic compounds between iso-butanol and water. Acta Chem. Scand. 4, 1085—1098.
— 1951: The partition of organic compounds between higher alcohols and water. Acta Chem. Scand. 5, 774—780.
— 1956: Der Ort des Penetrationswiderstandes. Ruhlands Handbuch der Pflanzenphysiologie 2, 218—229. Berlin-Göttingen-Heidelberg (Springer).
— 1959 a: Das Permeationsvermögen des Pentaerythrits verglichen mit dem des Erythrits. Physiol. Plant. 12, 139—144.
— 1959 b: Cell membranes: their resistance to penetration and their capacity for transport. Plant Physiology ed. by F. C. Steward. Vol. 2, 3—102. New York (Academic Press).
— und H. Bärlund, 1926: Über die Protoplasmapermeabilität von *Rhoeo discolor*. Soc. Scient. Fenn. Comment. Biol. 2, Nr. 9, 1—13.
— und H. Bärlund, 1933: Permeabilitätsstudien an *Chara ceratophylla*. Acta bot. fenn. 11, 1—114.
— und B. Wikström, 1949: Die Permeabilität pflanzlicher Protoplasten für Harnstoff und Alkylharnstoffe. Physiol. Plant. 2, 235—246.
Craig, R. A., and E. J. Hartung, 1952: Studies in membrane permeability. Trans. Faraday Soc. 48, 964—969.
Dainty, J., und A. B. Hope, 1959: The water permeability of cells of *Chara australis*. R. Br. Austral. J. Biol. Sci. 12, 136—145.
Danielli, J. F., 1943: siehe Davson und Danielli 1943.
— 1949: Activated diffusion in biology. Exp. Cell Research, Suppl. 1, 312—317.
— 1952 a: siehe Davson und Danielli 1952.
— 1952 b: Structural factors in cell permeability and secretion. Sympos. Soc. Exp. Biol. 6, 1—15.
— 1954 a: The present position in the field of facilitated diffusion and selective active transport. Proc. 7th Sympos. of the Colston Res. Soc. (J. A. Kitching, ed.) New York (Academic Press).
— 1954 b: Morphological and molecular aspects of active transport. Sympos. Soc. Exp. Biol. 8, 502—516.
— and H. Davson, 1935: A contribution to the theory of thin films. J. Cell. and Comp. Physiol. 5, 495—508.
Davies, J. T., 1950: The mechanism of diffusion of ions across a phase boundary and through cell walls. J. Physic. Coll. Chem. 54, 185—204.
— and F. H. Taylor, 1957: Molecular shape, size and adsorption in olfaction. Proc. 2nd Intern. Congr. of Surface Activity 4, 329—340. London (Butterworth's Scient. Publ.)
Davson, H., and J. F. Danielli, 1943, 1952: The Permeability of Natural Membranes. 1st, 2nd ed. Cambridge (University Press).

Dean, R. B., 1957: The effects produced by diffusion in aqueous systems containing membranes. Chem. Rev. 41, 503—523.

Diamond, J. M., and A. K. Solomon, 1959: Intracellular potassium compartments in *Nitella axillaris*. J. Gen. Physiol. 42, 1105—1122.

Dick, D. A. T., 1959: Osmotic properties of living cells. Intern. Rev. of Cytol. 8, 387—448.

Drawert, H., 1949: Zellmorphologische und zellphysiologische Studien an Cyanophyceen. Planta 37, 161—209.

Eley, D. D., and D. G. Hedge, 1956: The structure of films of proteins adsorbed on lipids. Discuss. Faraday Soc. 21, 221—228.

Elo, J. E., 1937: Vergleichende Permeabilitätsstudien, besonders an niederen Pflanzen. Ann. Bot. Soc. Zool.-Bot. Fenn. „Vanamo" 8, Nr. 6, 1—108.

Erichsen, L. von, 1956: Das Wasser, seine physikalischen und chemischen Eigenschaften unter besonderer Berücksichtigung seiner physiologischen Bedeutung. Handbuch der Pflanzenphysiologie, herausgeg. von W. Ruhland, 1, 168—193.

Ewell, R, H., J. M. Harrison and L. Berg, 1944: Azeotropic distillation. Ind. and Engin. Chem. 36, 871—875.

Follmann, G., 1958: Über Aufnahme und Bindung von Wasser und Anelektrolyten durch Diatomeen-Zellen. Planta 50, 671—700.

Freise, V., 1951: Zum Bildungsmechanismus der Ferrocyankupfermembran, Z. Elektrochem. 55, 561—565.

Frey-Wyssling, A., 1955: Die submikroskopische Struktur des Cytoplasmas. Protoplasmatologia II A/2. Wien (Springer).

Frumkin, A., 1925: Einige Bemerkungen zur Theorie der Adsorption und Verteilung. Z. physik. Chemie 116, 501—503.

Fuhrman, F. A., 1959: Transport through biological membranes. Ann. Rev. Physiol. 21, 19—48.

Fujita, A., 1926: Die Permeabilität der getrockneten Kollodiummembran für Nichtelektrolyte. Biochem. Z. 170, 18—29.

Gessner, F., 1937: Das Permeabilitätsproblem. Z. ges. Naturwiss. 290—302.

Gilby, A. R., A. V. Few and K. McQuillen, 1958: The chemical composition of the protoplast membrane of *Micrococcus lysodeikticus*. Biochim. Biophys. Acta 29, 21—29.

Glasstone, S., K. J. Laidler and H. Eyring, 1941: The theory of rate processes. New York (McGraw-Hill).

Green, J. W., 1949: The relative rate of penetration of the lower saturated monocarboxylic acids into mammalian erythrocytes. J. Cell. and Comp. Physiol. 33, 247—266.

Greenwood, A. D., I. Manton, and B. Clarke, 1957: Observations on the structure of the zoospores of *Vaucheria*. J. Exp. Bot. 8, 71—86.

Gregor, H. P., 1957: Ion-exchange resins and membranes. Ann. Rev. Physic. Cem. 8, 463—486.

— and H. Schonhorn, 1959: Multilayer membrane electrodes. J. Am. Chem. Soc. 81, 3911—3915.

Harris, E. J., 1956: Transport and accumulation in biological systems. London (Butterworth).

— 1957: Transport through biological membranes. Ann. Rev. Physiol. 19, 13—40.

Harvey, E. N., 1954: Tension at the cell surface. Protoplasmatologia II E/5. Wien (Springer).

Hecker, E., 1955: Verteilungsverfahren im Laboratorium. Weinheim (Verlag Chemie).

Hillier, J., and J. F. Hoffman, 1953: On the ultrastructure of the plasma membrane as determined by the electron microscope. J. Cell. and Comp. Physiol. 42, 203—247.

Hitchcock, D. I., 1947: Ausgewählte Prinzipien der physikalischen Chemie. In: R. Höbers Physikalische Chemie der Zellen und der Gewebe. Bern (Stämpfli).

Höber, R., 1936: Membrane permeability to solutes in its relations to cellular physiology. Physiol. Rev. 16, 52—102.

— 1947: Physikalische Chemie der Zellen und der Gewebe. Bern (Stämpfli).

— und G. Pupilli, 1931: Neue Versuche über die Aufnahme von Farbstoffen durch die roten Blutkörperchen. Pflügers Arch. 226, 585—599.

Hodgkin, A. L., 1958: Ionic movements and electrical activity in giant nerve fibres. Proc. Roy. Soc. (London) B 148, 1—37.

Hodkin, A. L., and R. D. Keynes, 1953: The mobility and diffusion coefficient of potassium in giant axons from *Sepia*. J. Physiol. **119**, 513—528.

Hoffman, J. F., 1956: On the reproducibility in the observed ultrastructure of the normal mammalian red cell plasma membrane. J. Cell. and Comp. Physiol. *47*, 261—271.

Höfler, K., 1932: Zur Tonoplastenfrage. Protoplasma **15**, 462—477.

— 1940: Aus der Protoplasmatik der Diatomeen. Ber. dtsch. bot. Ges. **58**, 97—120.

— 1942: Unsere derzeitige Kenntnis von den spezifischen Permeabilitätsreihen. Ber. dtsch. bot. Ges. **60**, 179—200.

— 1949: Über Wasser- und Harnstoffpermeabilität des Protoplasmas. Phyton **1**, 105—121.

— 1950: New facts on water permeability. Protoplasma **39**, 677—683.

— 1958: Permeabilität von *Blechnum*-Zellen. Sitzungsber. Wien. Akad. Wiss., Mathem.-naturwiss. Kl., Abt. 1, **167**, 237—295.

— 1959: Permeabilität und Plasmabau. Ber. dtsch. bot. Ges. **72**, 236—245.

— 1960: Über die Permeabilität der Diatomee *Caloneis obtusa*. Protoplasma **52**, 5—25.

— 1960: Permeability of Protoplasm. Protoplasma **52**, 145—156.

— und A. Stiegler, 1921: Ein auffälliger Permeabilitätsversuch in Harnstofflösung. Ber. dtsch. bot. Ges. **39**, 157—164.

— und W. Url, 1957: Kann man osmotische Werte plasmolytisch bestimmen? Ber. dtsch. bot. Ges. **70**, 462—476.

Hofmeister, W., 1867: Die Lehre von der Pflanzenzelle. Leipzig (Engelmann).

Jacobs, M. H., 1935: Diffusion processes. Ergebn. d. Biol. **12**, 1—160.

— 1950: Hemolysis and zoological relationship. J. Exp. Zool. **113**, 277—300.

— 1952: The measurement of cell permeability with particular reference to the erythrocyte. Modern Trends in Physiology and Biochemistry. New York (Academic Press).

— H. N. Glassman, and A. K. Parpart, 1935: The temperature coefficient of certain hemolytic processes. J. Cell. Comp. Physiol. **7**, 197—225.

Jaffé, H. H., 1957: Inter- and intramolecular H-bonds. J. Amer. Chem. Soc. **79**, 2373—2375.

Johnson, F. H., H. Eyring and M. J. Polissar, 1954: The Kinetic Basis of Molecular Biology. New York (John Wiley & Sons).

Jost, L., 1913: Vorlesungen über Pflanzenphysiologie. 3. Aufl. Jena (Fischer).

Jost, W., 1952: Diffusion in Solids, Liquids, Gases. New York (Academic Press).

Kamiya, N., and M. Tazawa, 1956: Studies on water permeability of a single plant cell by means of transcellular osmosis. Protoplasma **46**, 394—422.

Kinzel, H., 1954: Theoretische Betrachtungen zur Ionenspeicherung basischer Vitalfarbstoffe in leeren Zellsäften. Protoplasma **44**, 52—72.

Klingmüller, V. O. G., and G. Gedenk, 1957: Asymmetric dialysis of racemates. Nature **179**, 367.

Kramer, P. J., 1957: Outer space in plants. Science **125**, 633—635.

Landsberg, R., 1952: Über die Halbdurchlässigkeit der Kupferferrocyanid-Membran. Z. physik. Chem. **199**, 266—279.

Lasoski, S. W., and W. H. Cobbs, 1959: Moisture permeability of polymers. J. Polymer Sci. **36**, 21—33.

Lepeschkin, W. W., 1924: Kolloidchemie des Protoplasmas. Berlin (Springer).

Levitt, J., 1957: The significance of „Apparent Free Space" (A. F. S.) in ion absorption. Physiol. Plant. **10**, 882—888.

— 1960: In Defence of the Plasma Membrane-Theory of Cell Permeability. Protoplasma **52**, 161—163.

L'Hermite, 1855: Recherches sur l'endosmose. Ann. chim. phys. (3) **43**, 420—431.

Longsworth, L. G., 1955: Diffusion in liquids and the Stokes-Einstein relation. Electrochemistry in Biology and Medicine, herausgegeben von Th. Shedlovsky. New York (John Wiley).

McMahon, B. C., E. J. Hartung and W. J. Walbran, 1940: Studies in membrane permeability. Trans. Faraday Soc. **36**, 515—522.

MacRobbie, E. A. C., and J. Dainty, 1958: Ion transport in *Nitellopsis obtusa*. J. Gen. Physiol. **42**, 335—353.

Macy, R., 1948: Partition of fifty compounds between olive oil and water at 20° C. J. Industr. Hygiene and Toxic. **30**, 140—143.

Manegold, E., 1955: Kapillarsysteme. Bd. 1 (Grundlagen). Heidelberg (Straßenbau, Chemie und Technik Verlagsgesellschaft).

MARKLUND, G., 1936: Vergleichende Permeabilitätsstudien an pflanzlichen Protoplasten. Acta Bot. Fenn. 18, 1—110.

MAURO, A., 1957: Nature of solvent transfer in osmosis. Science 126, 252—253.

MEYER, H., 1899: Welche Eigenschaft der Anaesthetica bedingt ihre narcotische Wirkung? Arch. exp. Path. (D.) 42, 109—118.

MEYER, K. H., und H. HEMMI, 1935: Beiträge zur Theorie der Narkose. Biochem. Z. 277, 39—71.

— et J.-F. SIEVERS, 1936: La perméabilité des membranes. Helv. Chim. Acta 19, 649—677.

MICHAELIS, L., 1929: Molecular sieve membranes. Bull. Nat. Res. Council 69, 119—141.

MIRIMANOFF, A., 1953: Le comportement de la cellule végétale en présence de toxiques additionés de substances tensio-actives. Protoplasma 42, 250—260.

MITCHELL, P., 1957: A general theory of membrane transport from studies of bacteria. Nature 180, 134—136.

— and J. MOYLE, 1956: Permeation mechanisms in bacterial membranes. Discuss. Faraday Soc. 21, 258—265.

— and J. MOYLE, 1958: Enzyme catalysis and group-translocation. Proc. Roy. Soc. (Edinburgh) 27, 61—72.

MOND, R., und F. HOFFMANN, 1928: Weitere Untersuchungen über die Membranstruktur der roten Blutkörperchen. Pflügers Arch. 219, 467—480.

MULLINS, L. J., 1959: The penetration of some cations into muscle. J. Gen. Physiol. 42, 817—829.

NATHANSOHN, A., 1904: Über die Regulation der Aufnahme anorganischer Salze durch die Knollen von Dahlia. Jb. wiss. Bot. 39, 607—644.

— 1910: Der Stoffwechsel der Pflanzen. Leipzig (Quelle & Meyer).

NEIHOF, R., and K. SOLLNER, 1956: The physical chemistry of the differential rates of permeation of ions across porous membranes. Discuss. Faraday Soc. 21, 94—101.

NERNST, W., 1890: Ein osmotischer Versuch. Z. physik. Chem. 6, 37—40.

— 1891: Verteilung eines Stoffes zwischen zwei Lösungsmitteln und zwischen Lösungsmittel und Dampfraum. Z. physik. Chem. 8, 110—139.

NETTER, H., 1959: Theoretische Biochemie. Berlin-Göttingen-Heidelberg (Springer).

NEVIS, A. H., 1858: Water transport in invertebrate peripheral nerve fibres. J. Gen. Physiol. 41, 927—958.

NIRENSTEIN, E., 1920: Über das Wesen der Vitalfärbung. Pflügers Arch. 179, 233—337.

NORTHROP, J. H., 1929: The permeability of dry collodion membranes. J. Gen. Physiol. (Am.) 12, 435—461.

OSTERHOUT, W. J. V., 1940: Some models of protoplasmic surfaces. Cold Spring Harbor Sympos. Quant. Biol. 8, 51—62.

— 1958: Studies of some fundamental problems by the use of aquatic organisms. Ann. Rev. Physiol. 20, 1—12.

OVERTON, E., 1896: Über die osmotischen Eigenschaften der Zelle in ihrer Bedeutung für die Toxikologie und Pharmakologie. Vjschr. Naturforsch. Ges. Zürich 41, 383—406.

— 1899: Über die allgemeinen osmotischen Eigenschaften der Zelle, ihre vermutlichen Ursachen und ihre Bedeutung für die Physiologie. Vjschr. Naturforsch. Ges. Zürich 44, 88—135.

— 1901: Studien über die Narkose. Jena (Fischer).

— 1902: Beiträge zur allgemeinen Muskel- und Nervenphysiologie. Pflügers Arch. 92, 115—280, 346—386.

— 1907: Über den Mechanismus der Resorption und der Sekretion. Nagels Handbuch der Physiologie des Menschen 2, 744—898. Braunschweig (Viehweg).

PAGANELLI, C. V., and A. K. SOLOMON, 1957: The rate of exchange of tritiated water across the human red cell membrane. J. Gen. Physiol. 41, 259—277.

PARPART, A. K., and R. BALLENTINE, 1952: Molecular anatomy of the red cell membrane. Modern Trends in Physiology and Biochemistry. New York (Academic Press).

PERNAUER, S., 1958: Das Verhalten einiger Cyanophyceen bei osmotischen Impulsen. Protoplasma 49, 268—295.

PFEFFER, W., 1877: Osmotische Untersuchungen. Leipzig (Engelmann).

— 1886: Über die Aufnahme von Anilinfarben in lebende Zellen. Untersuch. Bot. Inst. Tübingen 2, 179—332.

Plowe, J. Q., 1931: Membranes in plant cells. Protoplasma 12, 196—240.

Poijärvi, L. A. P., 1928: Über die Basenpermeabilität pflanzlicher Zellen. Acta Bot. Fenn. 4, 1—102.

Polson, A., 1950: Some aspects of diffusion in solution and a definition of a colloidal particle. J. Phys. Coll. Chem. 54, 649—652.

— and van der Reyden, D., 1950: Relationship between diffusion constant and molecular weight. Biochim. Biophys. Acta 5, 358—360.

Ponder, E., 1955: Red cell structure and its breakdown. Protoplasmatologia X 2. Wien (Springer).

Prager, S., and F. A. Long, 1951: Diffusion of hydrocarbons in polyisobutylene. J. Amer. Chem. Soc. 73, 4072—4075.

Prescott, D. M., 1955: Effect of activation on the water permeability of Salmon eggs. J. Cell. Comp. Physiol. 45, 1—12.

— and E. Zeuthen, 1953: Comparison of water diffusion and water filtration across cell surfaces. Acta Physiol. Scand. 28, 77—94.

Renkin, E. M., 1954: Filtration, diffusion, and molecular sieving through porous cellulose membranes. J. Gen. Physiol. 38, 225—243.

— und J. R. Pappenheimer, 1957: Wasserdurchlässigkeit und Permeabilität der Capillarwände. Ergebn. Physiol. 49, 59—126.

Robinson, R. A., and R. H. Stokes, 1957: Solutions of electrolytes and diffusion in liquids. Ann. Rev. Physic. Chem. 8, 37—54.

Rogers, C., J. A. Meyer, V. Stannett and M. Szwarc, 1956: Studies in the gas and vapor permeability of plastic films and coated papers. Tappi 39, 737—741.

Ruhland, W., 1912: Studien über die Aufnahme von Kolloiden durch die pflanzliche Plasmahaut. Jb. wiss. Bot. 51, 376—431.

— 1914: Weitere Beiträge zur Kolloidchemie und physikalischen Chemie der Zelle. Jb. wiss. Bot. 54, 391—447.

—— und Heilmann, 1951: Über die Permeabilität von *Beggiatoa mirabilis* für Anelektrolyte bei Narkose mit den homologen Alkoholen C_1—C_9. Planta 39, 91—120.

— und C. Hoffmann, 1925: Die Permeabilität von *Beggiatoa mirabilis*. Planta 1, 1—83.

Sandell, K. B., 1955: Eine Methode zur Bestimmung des Wasserstoffbindungsvermögens von organischen Verbindungen. Naturwiss. 42, 605—606.

— Über die Verteilung organischer Verbindungen zwischen Wasser und organischen Lösungsmitteln. Mh. Chem. 89, 36—53.

Schauer, H. K., und R. Bulirsch, 1955: Über die Beziehungen zwischen R_f-Wert und chemischer Konstitution organischer Verbindungen in der Papierchromatographie. Z. Naturforsch. 10 b, 683—693.

Schönfelder, S., 1930: Weitere Untersuchungen über die Permeabilität von *Beggiatoa mirabilis*. Planta 12, 414—504.

Sebba, F., and W. Sutin, 1952: A new apparatus for studying the evaporation of water through monolayers. J. Chem. Soc. 1952, 2513—2516.

Seemann, F., 1953: Der Einfluß von Neutralsalzen und Nichtleitern auf die Wasserpermeabilität des Protoplasmas. Protoplasma 42, 109—132.

Sidel, V. W., and A. K. Solomon, 1957: Entrance of water into human red cells under an osmotic pressure gradient. J. Gen. Physiol. (Am.) 41, 243—257.

Sitte, P., 1958: Die Ultrastruktur von Wurzelmeristemzellen der Erbse (*Pisum sativum*). Protoplasma 49, 447—522.

Sjöstrand, F. S., 1957: Die Elektronenmikroskopie als morphologische Untersuchungstechnik. Verh. anat. Ges. (Erg.-Heft zu Bd. 103 d. Anat. Anz.) 1957, 3—30.

Sollner, K., 1945: The physical chemistry of membranes with particular reference to the electrical behavior of membranes of porous character. J. Physic. Chem. 49, 47—67, 171—191, 265—280.

— 1950: Recent advances in the electrochemistry of membranes of high ionic selectivity. J. Electrochem. Soc. 97, 139—151.

— 1953: Ion exchange membranes. Annals New York Acad. Sci. 57, 177—203.

— 1954: Electrochemical studies with model membranes. In: Ion transport across membranes. (Clarke, ed.) New York (Academic Press).

— 1958: The physical chemistry of ion exchange membranes. Svensk Kem. Tidskr. 6—7, 267—295.

— and P. W. Beck, 1944: Water uptake and swelling of collodion membranes in aqueous solutions of organic electrolytes and non-electrolytes. J. Gen. Physiol. 27, 451—460.

Sollner, K., and C. W. Carr, 1942: The relative merits of the homogeneous phase theory and the micellar-structural theory as applied to the dried collodion membrane. J. Physiol. Gen. **26**, 17—25.

Spandau, H., 1941: Zur Molekulargewichts-Bestimmung organischer Stoffe durch Dialyse. Ber. dtsch. chem. Ges. **74**, 1028—1030.

Spanner, D. C., 1956: Energetics and mathematical treatment of diffusion. Handbuch der Pflanzenphysiologie, herausgeg. von W. Ruhland **2**, 125—138.

Stadelmann, E., 1956: Mathematische Analyse experimenteller Ergebnisse. Gewinnung der Permeabilitätskonstanten, Stoffaufnahme- und -abgabewerte. Ruhlands Handbuch der Pflanzenphysiologie **2**, 139—195. Berlin-Göttingen-Heidelberg (Springer).

Stein, W. D., and J. F. Danielli, 1956: Structure and function in red cell permeability. Discuss. Faraday Soc. **21**, 238—258.

Stewart, D. R., and M. H. Jacobs, 1936: Further studies on the permeability of the egg of *Arbacia punctulata* to certain solutes and to water. J. Cell. and Comp. Physiol. **7**, 333—350.

Storck, R., and J. T. Wachsman, 1957: Enzyme localization in *Bacillus megaterium*. J. Bacteriol. **73**, 784—790.

Sutcliffe, J. F., 1954: The exchangeability of potassium and bromide ions in cells of red beet root tissue. J. Exper. Bot. **5**, 313—326.

— 1959: Salt uptake in plants. Biol. Rev. **34**, 159—220.

Teorell, T., 1935: An attempt to formulate a quantitative theory on membrane permeability. Proc. Soc. Exper. Biol. and Med. **33**, 282.

— 1951: Zur quantitativen Behandlung der Membranpermeabilität. Z. Elektrochem. **55**, 460—469.

— 1953: Transport processes and electrical phenomena in ionic membranes. Progr. in Biophys. **3**, 305—369.

Tolliday, J. D., E. F. Woods and E. J. Hartung, 1949: Studies in membrane permeability. Trans. Faraday Soc. **45**, 148—155.

Traube, I., 1904: A contribution to the theories of osmosis. Phil. Mag. [5] **44**, 704—715.

— 1913: Theorie des Haftdruckes und Lipoidtheorie. Biochem. Z. **54**, 305—315.

— 1924: Lipoidtheorie und Oberflächentheorie. Biochem. Z. **153**, 358—361.

Traube, M., 1867: Experimente zur Theorie der Zellenbildung und Endosmose. Arch. Anat. usw. 87—128 u. 129—165.

Troschin, A. S., 1958: Das Problem der Zellpermeabilität. Jena (Fischer).

Tung, L. H., and H. G. Drickamer, 1952: Diffusion through an interface-ternary system. J. Chem. Phys. **20**, 9—17.

Ullrich, H., 1948: Die Protoplasma-Permeabilität. Naturwiss. **35**, 111—118.

Url, W., 1952: Permeabilitätsstudien mit Fettsäureamiden. Protoplasma **41**, 287—301.

Ussing, H. H., 1954: Membrane structure as revealed by permeability studies. Proc. 7th Sympos. of the Colston Res. Soc., 33—41.

— and B. Andersen, 1956: The relation between solvent drag and active transport of ions. Proc. 3rd Internat. Congr. Biochem., 434—440. New York (Academic Press).

Vreugdenhil, D., 1957: On the influence of some environmental factors on the osmotic behaviour of isolated protoplasts of *Allium cepa*. Acta Bot. Neerl. **6**, 472—542.

Walton, H. F., 1959: Ion exchange. Ann. Rev. Physic. Chem. **10**, 123—144.

Ward, A. F. H., and L. H. Brooks, 1952: Diffusion across interfaces. Trans. Faraday Soc. **48**, 1124—1136.

Wartiovaara, V., 1942: Über die Temperaturabhängigkeit der Protoplasmapermeabilität. Ann. Bot. Soc. Zool.-Bot. Fenn. Vanamo **16**, Nr. 1, 1—111.

— 1949: The permeability of the plasma membranes of *Nitella* to normal primary alcohols at low and intermediate temperatures. Physiol. Plant. **2**, 184—196.

— 1950: Zur Erklärung der Ultrafilterwirkung der Plasmahaut. Physiol. Plant. **3**, 462—478.

— 1956: Abhängigkeit des Stoffaustausches von der Temperatur. Ruhlands Handbuch der Pflanzenphysiologie **2**, 369—380.

— und R. Tikkanen, 1951: Zur Permeation des Harnstoffs in Pflanzenzellen. Arch. Soc. zool.-bot. fenn. Vanamo **6**, 19—24.

Weibull, C., 1957: The lipids of a lysozyme sensitive *Bacillus* species. Acta Chem. Scand. **11**, 881—892.

Weiser, H. B., and W. O. Milligan, 1942: The constitution of inorganic gels. Advances in Coll. Sci. 1, 227—246.

Wilbrandt, W., 1931: Vergleichende Untersuchungen über die Permeabilität pflanzlicher Protoplasten für Anelektrolyte. Pflügers Arch. 229, 86—99.

— H. Mislin und F. Strauss, 1955: Spezifitäten der Zellpermeabilität und stammesgeschichtliche Verwandtschaft. Z. vergl. Physiol. 37, 211—220.

Zwolinski, B. J., H. Eyring and C. E. Reese, 1949: Diffusion and membrane permeability. J. Physic. Coll. Chem. 53, 1426—1453.

Namenverzeichnis

Sachverzeichnis